U0869966

共建和谐美丽家园

桂建芳院士自然科普工作室

给孩子的自然通识课

武汉林学会　长江日报科普传播中心◎组编

桂建芳　黄亚婷　蔡燕秋◎主编

长江出版传媒　湖北科学技术出版社

图书在版编目（CIP）数据

共建和谐美丽家园：桂建芳院士自然科普工作室给孩子的自然通识课 / 武汉林学会，长江日报科普传播中心组编；桂建芳，黄亚婷，蔡燕秋主编．—武汉：湖北科学技术出版社，2023.6

ISBN 978-7-5706-2566-6

Ⅰ．①共…　Ⅱ．①武…　②长…　③桂…　④黄…　⑤蔡…　Ⅲ．①自然科学－普及读物　Ⅳ．①N49

中国国家版本馆 CIP 数据核字（2023）第 091039 号

策划编辑：赵襄玲　王小芳　　责任校对：陈横宇
责任编辑：王小芳　魏　珩　　封面设计：曾雅明

出版发行：湖北科学技术出版社
地　　址：武汉市雄楚大街 268 号（湖北出版文化城 B 座 13—14 层）
电　　话：027-87679468　　邮　　编：430070

印　　刷：武汉市华康印务有限责任公司　　邮　　编：430000

710×1000　1/16　15 印张　180 千字
2023 年 6 月第 1 版　2023 年 6 月第 1 次印刷
定　　价：88.00 元

（本书如有印装问题，可找本社市场部更换）

序

近年来，为贯彻落实习近平生态文明思想，武汉市园林和林业局联合市教育、生态环境等部门，持续推动自然教育，充分发挥院士专家在自然生态科普领域的引领带动作用，引导中小学生和广大市民在身边的公园、校园、居住小区认识自然、体验自然，形成以“一步自然，身边课堂”为鲜明特色的自然教育武汉模式。在此背景下，由武汉市科协、武汉市园林和林业局共同筹建的桂建芳院士自然科普工作室应运而生，于 2021 年 4 月 22 日在解放公园正式揭牌启用。这是全国首个设置在城市公园,让公众得以与院士专家面对面交流的自然科普工作室，汇聚了数十位来自湖北省各科研院所、高校的学科带头人以及武汉自然科普领域的知名专家。

本书聚焦热点话题，精选桂建芳院士自然科普工作室的 23 节自然通识课，围绕长江大保护、创建国际湿地城市、防止外来生物入侵、粮食安全等主题，用生动活泼的语言向读者传播自然知识，以期在深奥的科学知识和人们的社会生活之间架起一座沟通的桥梁，在助力科普事业腾飞的同时，提升公众科学素养，推动科学与文化的融合发展。

前　言

2021年4月16日，在云南省的一座山头上突然出现了17头亚洲象，这群巨兽在全国乃至全球的关注下，开启了一段北游南归的旅程。它们的出现虽然打破了沿途村落原有的宁静，却也让全世界见证了中国为打造人与自然生命共同体所付出的努力。象群所到之处，百姓悄然避让，专业人员悉心引导，对象群给予了极大的爱护与宽容。中国政府和公众一路护象的行为绘就了一幅人与自然和谐共处的美丽图卷！

中华文明历来崇尚道法自然、天人合一。《道德经》中说："人法地，地法天，天法道，道法自然。"《庄子·齐物论》中写道："天地与我并生，而万物与我为一。"《齐民要术》提到："顺天时，量地利，则用力少而成功多。"这些先人给我们留下的智慧无不强调人类本就是自然的一部分，因此人类要尊重自然、顺应自然、保护自然，与自然和谐共生。这些理念深深植根于中华民族绵延5000多年的文明之中，成为中国特色社会主义生态文明观的源头活水。

生态文明是人类文明的新形态，生态文明建设是推动人与自然和谐发展的新要求，是关乎中华民族永续发展的根本大计。

党的十八大以来，以习近平同志为核心的党中央以前所未有的力度狠抓生态文明建设，全方位加强生态环境保护。党的十九大报告指出，要“像对待生命一样对待生态环境，统筹山水林田湖草系统治理，实行最严格的生态环境保护制度，形成绿色发展方式和生活方式，坚定走生产发展、生活富裕、生态良好的文明发展道路，建设美丽中国，为人民创造良好生产生活环境，为全球生态作出贡献”。习近平生态文明思想更是为推进美丽中国建设、实现人与自然和谐共生的现代化提供了方向指引和根本遵循。改革开放40多年来，中国在生态文明思想理论上的一系列重大创新和突破，为我国生态文明建设揭开了崭新的一页。从华盖木、百山祖冷杉等120种极小种群野生植物得到抢救性保护，到大熊猫受威胁程度等级从“濒危”降为“易危”；从塞罕坝机械林场的“绿色地图”火遍全网，到云南大象北上南归成为全球动物界的“网红”……这些生动范例无不描绘着山河锦绣、草木欣荣、万物有灵、和谐共生的美好画卷。

“万物各得其和以生，各得其养以成。”生态文明建设看似离我们很远，实则不然。无论是垃圾分类的推行，还是绿色出行的倡议；无论是近几年频繁成群出现在长江流域的野生江豚，还是时隔8年再现天山山脉的濒危物种伊犁鼠兔……作为普通人，我们可以从了解居住在城市周边的飞禽走兽、认识身边的一草一木开始，进而深入探索“退耕还湿”“退养还滩”“长江十年禁渔”等有助于保护生态环境的举措和政策，这也是本书编写的初衷——由院士专家牵头通过一节节极具亲和力的自然通识课，让读者走近自然、了解自然，从而树立生态文明意识，推进人与自然的和谐共生。

当下，面对环境污染、大气变化、生物多样性减少等严峻挑战，“我们应该共同呵护好地球家园，为了我们自己，也为了子孙后代。我们应该坚持人与自然共生共存的理念，像对待生命一样对待生态环境，对自然心存敬畏，尊重自然、顺应自然、保护自然，共同保护不可替代的地球家园，共同医治生态环境的累累伤痕，共同营造和谐宜居的人类家园，让自然生态休养生息，让人人都享有绿水青山”。

新时代，我们定不负习近平总书记的殷殷嘱托，深刻理解和践行习近平生态文明思想，坚决扛起生态文明建设的时代责任，共同致力构建人与自然和谐共处的美丽家园，为美丽中国建设贡献自己的力量！

CONTENTS　目录

第一课　地球的运气太好了，直到……

科普现场：武汉科技馆

科普时间：2020 年 4 月 22 日

科普主讲人：徐世球，中国地质大学（武汉）图书馆馆长、国家自然资源首席科学传播专家。

我们生活的世界，复杂却又简单，千万种生灵共生共荣，近 80 亿人来来往往，118 种元素组成物质形态。你真的认识地球吗？

中国地质大学（武汉）图书馆馆长、国家自然资源首席科学传播专家徐世球用 6 个诙谐金句、趣味知识点，带着数十万网友认识了一个最熟悉而又陌生的地球。

地球的运气实在太好了！

地球在宇宙当中，非常神奇，也非常独特，它有约46亿年的漫长历史，是我们的唯一家园。什么是唯一性？就是地球有着无与伦比的、令人叹为观止的幸运。

武汉科技馆场景图

第一大幸运，叫作距离产生美。我们的地球在太阳系当中，太阳是一颗恒星，在银河系当中。太阳离银河系中央约有26000光年，这是恰到好处的距离，处于银河系生命宜居带，如果再近一点或者远一点，就没有生命了，或许还会有灾难。

第二大幸运，叫作最合适的位置。地球在太阳系八大行星当中，从里向外位居第三，距离太阳约1.5亿km，这个位置恰到好处，而且温度不高不低，液态水可以存在，为生命带来源泉。如果不是这个位置，又完蛋了，我们又不存在了。

第三大幸运，叫作无与伦比的盾牌。每个人都会保护自己，而地球保护自己的方法，就是运用磁场抵御太阳风的侵袭。磁场挡住了太阳风，流向两极地区，就为我们带来了璀璨无比的极光。

第四大幸运，就是最重要的屏障。地球大气层是至关重要的生命屏障，正好创造了适合生命繁衍的环境。臭氧层可以保护生命不受高能射线伤害。

第五大幸运，叫作不能没有“你”。这个“你”，代表月球。站在地球上看月球和太阳，月球大得离谱，但就因为月球大得离谱，能够挡住太阳，保证地球上的生命繁衍，并且给我们带来极其精彩的日全食现象。

第六大幸运，叫作斜有斜的好处。地球有四季交替，适宜生命发展，这多亏了其自转轴23.5°的倾斜。否则，地球上就没有四季之分，赤道附近过热，南北极过冷，还会带来灾难。

第七大幸运，是天底下最重要的“皮肤”，这“皮肤”不是你我的，而是大地的，它就是土壤。土壤能种庄稼，有助于人类繁衍后代，所以，土壤是人类赖以生存的根本。

徐世球教授在科普现场

地球如此幸运，人类更加幸运，现在，你有没有觉得，生活在地球上太珍贵了！我们要好好珍惜！

不在沉默中爆发，就在沉默中灭亡

生命出现在地球上，已经约有38亿年之久了。一颗星球上要想有生命，得具备几个关键条件。第一，物质基础：碳、氢、氧、氮、硫、磷，这几种是组成生命体的关键元素。第二，能源条件：宇宙射线、大气放电、火山爆发、流星撞击都能带来能源。第三，孕育的环境：生命诞生在海洋中，大海就是我们的故乡、摇篮。

生命是怎么来的？现在的科学表明，生命是由无机物演变为有机物，再由简单有机物演变为复杂有机物而来的。约38亿

徐世球教授讲解细胞的最早形态

寒武纪时期生命大爆发场景展示

年前，海洋中诞生了地球上最早的细胞，宣告着生命的诞生，由此开展了长达38亿年的进化。

生命的进化过程十分精彩。生命虽然诞生得很早，但在漫长的时间里，进化得很缓慢，在微生物阶段停留了约33亿年之久。后来生物界终于不甘沉默，用一场爆发式的生长，把历史推进到了新的时代。

距今约5.3亿年的寒武纪初期，各门类动物的祖先们同时出现。它们似乎约好了一样，一起出现。我国云南省澄江动物化石群是这场大爆发的典型代表，这个动物群种类繁多，造型奇特，比如其中有一种生物叫奇虾，它身长3m，两只钳子张开宽达1m，很适合现在做烧烤吃！

兵马未动，粮草先行

生命起源于海洋，生物界跨时代的事件则是生物界离开海洋，抢滩登陆。登陆顺序由大自然安排，自然界安排的是植物先登陆，4亿多年前，荒凉的陆地开始披上绿装，并为后来动物登陆创造了生存条件。

约3.6亿年前，脊椎动物也离开海洋征服大陆。这场登陆十分关键，如果没有脊椎动物登陆，就没有现在的我们。那么它们是怎么登陆的呢？由鱼进化到两栖动物，实现登陆，再到爬行动物，脊椎动物就完全征服了陆地。自此，生物界开始突飞猛进地发展。

地球霸主问世，一统江湖就是1.6亿年

距今约2.35亿年前，恐龙问世并开始了称霸地球的辉煌时代，这时期也叫作地球的中生代，或者恐龙的时代。

恐龙是很多自然科学迷的最爱，它有很多有趣的特点。第一，它的肚皮是高于地面的，不同于现在的爬行动物的肚皮贴近地面，恐龙能看到更广阔的世界。第二，恐龙会下蛋，靠孵化恐龙蛋来繁殖。有科学研究表明，一颗恐龙蛋要孵化出小恐龙，至少需要半年的时间。第三，恐龙的满口牙齿，形状全部相同。第四，恐龙的皮肤没有毛，并且十分厚实，往往还带刺，它有防护作用。

徐世球教授讲解恐龙

大家比较喜欢的霸王龙十分长寿，最长寿的霸王龙有300多岁，并且善于奔跑，时速高达29km。

恐龙称霸了地球约1.6亿年，在距今约6500万年前的白垩纪末期，走向了灭绝。恐龙灭绝的原因中，科学的说法是小行星撞击地球，导致恐龙无法适应气候灾难等，最终走向灭绝。

那么，未来会不会也有小行星朝我们砸过来？这一点，据科学界统计，直径达50m的小行星，每隔1600年朝地球撞击一次，直径达500m的小行星，每隔10万年朝地球撞击一次。所以，今天我们都能睡个安稳觉，不用太害怕。

如果把地球历史看作1天，人类在最后2分钟出现

恐龙灭绝后，哺乳动物占据了主导地位，迅速崛起，登上历史舞台。约600万年前，我们熟悉的哺乳动物在大量繁殖后，就出现了人类。

如果把地球46亿年的历史比作1天，那么，白天十分平静，而一入夜，地球就发生了许多大事件。00:00——地球诞生，凌晨4:10——生命出现在地球，21:11——寒武纪生命大爆发，21:55——植物界离开海洋征服大陆，22:50——恐龙家族问世，23:40——恐龙家族全军覆没，23:58:15——人类诞生。

你知道吗？中华上下 5000 年的历史，对于地球的寿命来说只有0.09秒；而一个人的寿命假设为100岁，对于地球来说，只相当于0.0016秒。

对于地球来说，人类很渺小，人类与其他动物其实都一样，没有谁比谁更重要，也没有谁比谁更聪明。人与万物都是相互配合、相互依存的关系。

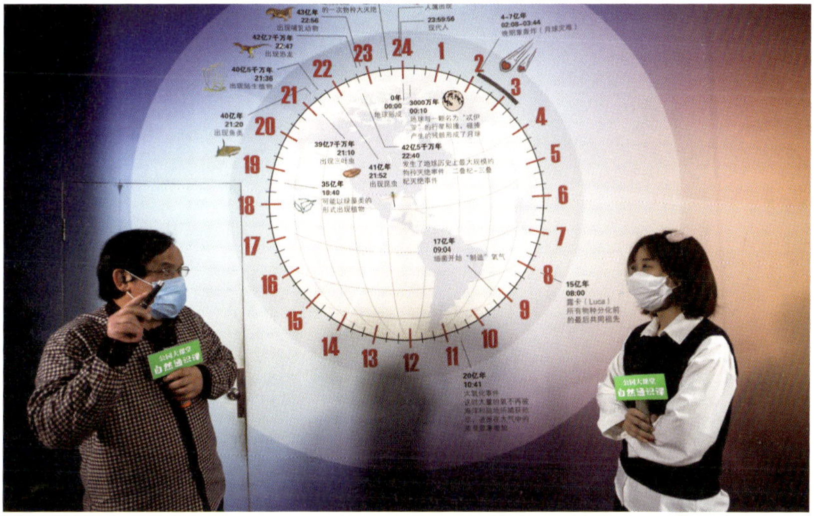

徐世球教授讲述地球的历史

“信口雌黄”这个成语也与地球知识有关！

地球馈赠了很多自然资源给我们，让我们得以繁衍生息。而这些资源知识，其实就蕴藏在我们的日常生活中。比如成语“信口雌黄”，这个成语主要形容一个人说话经常不顾事实，漏洞百出，就像可以用雌黄随意修改字画一样。

雌黄在古代，是人们用来涂改字画的材料，相当于现代的涂改液。现实生活中，雌黄不仅用于中药，还用于半导体产业和制革产业等。

貌不惊人的矿石，经过一系列复杂的过程都会变成人类所需的产品，

徐世球教授讲解矿石

比如，滑石粉是化妆品中最常用到的矿物原料；而我们每天都在吃的食盐，就是从一种叫岩盐的矿物中提炼来的。

4 月 22 日是世界地球日，每种生活中所用的物质，都涉及很多矿物质等自然资源。我们节约资源、保护地球，不仅不能铺张，而且也要物尽其用，不要浪费那些必须使用的资源。

第二课　在龟山，一眼 300000000 年

科普现场：武汉龟山

科普时间：2020 年 5 月 24 日

科普主讲人：顾松竹，中国地质大学（武汉）地球科学学院副教授。

武汉有座“平平无奇”的小山包。海拔不过 100m，山体面积只有 0.35km²，还和全国几十座山重名。

但从古至今，无数名人为它“打广告”，动辄被推上“历史头条”。

从“汉阳鱼”到“汉阳人”，在岁月洪荒中，它淡定地和大江同奔，与对面的蛇山相守相望。

它，就是龟山。

中国地质大学（武汉）地球科学学院副教授顾松竹说：“龟山虽然小，但也保留了很多不为人知的故事。”

莫非，龟山真的藏有城市的“月光宝盒”？

一眼万年不足以形容它的沧桑，得多看几万眼

龟山古称“大别山”，最早出现在“大禹治水”的神话传说里，后来为历代兵家必争之地，历史非常悠久。但从地质角度看，这座山的年龄远不止几千年或几万年，这山上的岩石，一眼就暴露了它的年龄。

当你爬上龟山山顶或者在蛇山漫步的时候，可能会注意到有些凸起的岩石，风化之后，它们呈现土黄色，上面有隐约的纹路。如果把岩石敲开，新鲜断面是灰白色的。

龟山电视塔与长江大桥

如果你仔细地看，会发现岩石是由很多细小的颗粒组成的，每个小颗粒大小均一，都在 0.5mm 左右，圆圆的，灰色或者是白色；填充在颗粒之间的还有一些如白色泥巴状的物质，这种岩石就是砂岩。

砂岩中含有石英的颗粒，而石英的化学成分为二氧化硅，是一种化学性质很稳定的物质，所以砂岩很耐风化。经过了亿万年的风吹雨打，其他的岩石都被风化掉了，只有砂岩仍然凸起在地表，形成了蛇山、龟山的山峰。因此，龟山一块其貌不扬的石头，也许就有着几亿岁的“高龄”，用“一眼万年”这样的词语都不足以形容它，得多看几万眼！

岩石是记录地质历史的“档案”

如果研究某个朝代的历史，历史学家们会寻找关于这个朝代的各种档案来回溯当时的社会文化、经济生活。作为地质学家，如果要探寻地质的历史，也需要寻找相应的档案。

地质历史的档案是什么呢？其实就是各种岩石。特别是一些呈层状的岩石，它形成的时候是一层层累积起来的，新的在上，老的在下，就像档案一样，记录了岩石形成时候的很多信息。比如沉积的时候是处于什么环境，海洋还是陆地，河流还是湖泊，气候干燥还是湿润，温暖还是寒冷。还能告诉我们年代的信息、有没有发生运动变形等，地质学家综合这几个方面的信息，就可以还原地质历史了。

龟山资料图

第二课

在龟山，一眼
300000000 年

鸟瞰龟山

地球表面不同的地方都可以作为沉积物沉淀的场所，这些场所属于不同的沉积环境——从陆地到海洋，从沙漠到湖泊，从地表的泥沼到地下的溶洞……

龟山的岩石大多为砂岩，砂岩的形成需要一种有一定能量的水流，比如海浪、河流等。地质学家们通过对砂岩的纹理和砂粒特征的研究，认为其沉积环境是一种滨海环境。

在武汉，不只有武昌鱼还有“汉阳鱼”

大家都吃过武昌鱼，但“汉阳鱼”可能鲜有人知。

科学家发现，武汉地区的砂岩与分布在长江下游地区的泥盆纪的砂岩是可以横向对比的，从而确定了这些砂岩是晚泥盆纪（距今约 3.7 亿年前）时形成的。而与之一起出现的粉砂岩和泥质岩中含有一种被称为“汉阳鱼”的甲胄鱼，它是志留纪（距今约 4.4 亿年前）的化石，这就说明这些砂岩是志留纪的。

龟山的岩石说明，在距今约 4.4 亿年前的志留纪，这里是一片安静的浅海；到了距今约 3.7 亿年前的泥盆纪，就变成了一片海滩，形成了砂岩；而之后的某段时间发生了南北方向的板块碰撞，使得龟山和蛇山发生了变形，形成了东西向延伸的现状。

两种鱼，两种“kǎo”法！烧烤武昌鱼，考古“汉阳鱼”。

如果地球的历史算 200m，那么人类出现以来的历史只有 10cm

地球的历史可以根据生物的变化分为很多阶段，我们对每个阶段进行命名，类似历史上各个朝代的分类。根据其中不同的化石来判断具体的年代，这也有点像我们在进行考古发掘的时候，根据不同朝代留下来的文物，来判断年代。

不过，我们在判断其年代时，通常以“百万年（Ma）”为

龟山电视塔

基本单位。普通人眼中的漫长，在我们眼里可能只是一瞬。100岁，从地质学的角度来看，还很年轻。

我们从龟山大别山摩崖石刻至沿路的第一个观景平台的距离为 200m，如果地球的历史长度算 200m，把人类历史长度（250 万年即 2.5Ma）与地球历史长度（46 亿年即 4600Ma）作比较，那么人类总的历史只相当于走了 10cm。

因此，有了岩石、化石，我们就像打开了“月光宝盒”，能够通过地质发现回到遥远的过去。不过，我们穿越的时间不是几百年、几千年，而是几百万年、几千万年甚至几亿年。

在可预计的未来，我们不太可能大规模离开赖以生存的地球。地球一旦“感冒打个喷嚏”，对人类来说都是惊天动地的变化。

地质运动一小步，对整个人类来说，或许是场马拉松！保护地球环境，具有维护人类繁衍生息的重要作用。

地质学家虽有“火眼金睛”，但不是“摸金校尉”，也没有洛阳铲

有人说地质学家有“火眼金睛”，堪比“摸金校尉”，但其实地质学家并不是考古学家。首先，地质学家的主要工作对象是人类出现之前产生的各种遗迹；考古学家主要是研究人类的

地质学家出门装备

遗迹。不同于考古学家随身携带洛阳铲，地质学家出门必备的装备有地质三大件，分别为锤子、罗盘、放大镜；还有一些必需的装备如导航仪、野外笔记本等。

导航仪和放大镜等工具大家都比较熟悉，在野外，地质学家使用的锤子，除了作为敲石头的工具外，还可以用来当作凳子，工作累了的时候，地质学家们就将锤子立在地上，坐在锤子上。“小龙女”睡绳子，地质学家坐锤子！

地质学家主要研究的对象是固体地球的过去、现状及未来，而地质学家所做的工作和考古的区别还很大，包括探索地球、寻找资源、保护环境、减少灾害四大部分。

顾老师展示在野外用锤子当“板凳”

地质学家是从理性的角度去探知地球，重在用“证据”说话，同时地质学家既要为人类寻找可使用的资源，也要运用地质学知识改善环境、防止灾害发生。

武汉所有的山都是倾斜的？

武汉市位于江汉平原东部，属长江中游丘陵平原地形，这个平原是由河流带来的沉积物逐渐堆积形成的，而凸起在平原之上的山脉则是由坚硬的岩石组成的。

武汉市区有很多不高的山呈东西向绵延分布于市区之中，除了蛇山、龟山以外，还有磨山、鼓架山、白浒山、洪山、喻家山等。经过地质学家们的研究发现，除了九峰地区的山脉岩石，其他地方的岩石大部分都是由坚硬的砂岩组成的。

通过对龟山岩石在空间上展布的观察，我们发现，这里的岩层大致是向北倾斜的，而延伸方向则是近东西走向，就像龟山延伸的方向一样。

如果在蛇山、珞珈山、南望山、喻家山、磨山等不同的地方进行测量，会发现几乎武汉市所有的山中岩层的延伸方向都是东西向的，而这些山也都是长条状地往东西方向延伸。

龟山电视塔位于长江与汉江的交汇处

顾老师讲述 3 亿年前的岩石“岩层倾斜”现象

原始的岩石形成时是呈水平的，而现在岩石呈现东西方向延伸、南北方向倾斜，说明组成地壳板块的岩石曾经受到过南北方向的挤压或者受到拉张，导致岩石发生了各种变形、破裂、位移。

“沧海桑田”已经变为现实？

武汉市是百湖之市，湖北省是千湖之省，武汉被长江和汉江分为三镇，这些现象都和地质有关。

“三十年河东，三十年河西”描述的其实就是一种地质现象。这句俗语实际上反映的是河流的变化速度很快，河水在不停地改道。你知道吗？河流改道的现象只发生在平原之上，在改道前，它还会呈现弯曲的“几”字形状态，在下一次洪水来临时，冲破了两个弯曲河道之间接近的地方，形成新的河道，把弯曲的河道截断，被截断的原来的弯曲河道就被废弃了。

武汉曾在明朝成化年间（1465—1487 年）发生过汉水改道。在那之前，汉水在黄金口转向东北，途经今天的后襄河、建设大道，绕过牯牛洲转向西南，回到郭茨口。改道的时候，就从黄金口到郭茨口直接冲出了一条水道，成了今天的样子。在地质学上，河流这种变道，被称为“裁弯取直”。

湖泊的变化在地质上的表现较为短暂，像“沧海桑田”这

龟山电视塔航拍图

样的词语，形容的就是很漫长的变化。“沧海桑田”这个故事也很有意思，讲的是一位仙姑赴朋友的宴席时，描述自己经过东海 3 次看到“海”变为“田”的现象。其实，距今 10000—8000 年前，末次冰期的时候，东海就是陆地桑田，而后来海平面上升，它才变成海。

原来，“沧海桑田”也离我们很近，冷不丁就见证了历史。

龟山是城市变迁的见证者，也是一座十分有意义的山。从龟山可以看到武汉市的人类文明史，也可以窥探这里的地质变迁史。人类在地球面前十分渺小，人类必须要保护地球才能够保护自己的未来。

第三课 好多鱼、鱼、鱼……

科普现场：湖北大学艺术学院

科普时间：2020 年 6 月 7 日

科普主讲人：张国刚，湖北大学艺术学院教师，开明画院理事。

张国刚介绍工作室的鱼

青鳉、宽鳍鱲、鳑鲏、白缘鉠、花鳅、鰕虎鱼、拟鲿，这七种身边的鱼，你能读对 3 种，算我输！

平均体长不过 10cm，头尾一体相连，全身鳞片，用鳃呼吸……这是我们对一条小鱼的基本认知。

在小鱼眼里，它的世界有汪洋大河，有四方劲敌，也有“人形巨兽”。如果不是走近看了看它们的生命形态，我们可能意识不到，子虽非鱼，但一呼一吸间，生命的本质也许是相通的。

湖北大学艺术学院教师张国刚的工作室里，有数十种鱼类，除了鱼缸里灵动的身姿，我们从张老师的绘画里窥见了从溪流水表层到底层生活的 7 种鱼，都说鱼的记忆只有 7 秒，我们却感受到了 7 种“鱼生”。

“鱼生”短暂，每条鱼都努力活出自己的精彩。

青鳉："初次见我，就能看见一双迷人的眼睛。"

在我国的淡水水域，广泛分布着一种常见的小型淡水鱼类，因体型较小，它们经常被误认为是其他鱼类的幼体，这种小鱼就是青鳉。据记载，中国有1300余种淡水鱼，而青鳉则是中国最小的淡水鱼，长3~4cm。

小鱼的活动区域就像人类居住的楼房，如果说生活在深海中的鱼居住在40层，那么淡水鱼，就住在5~6层。青鳉生活在淡水浅水处，相当于位于水表层的区域，以漂浮在水面的有机碎屑为食。如果仔细观察，你会发现它细小的身躯前端有一双几乎占据整个头部的眼睛，眼圈周围会闪闪发光，犹如一双迷人的"星星眼"。

青鳉在水面游弋时非常灵活，能悬停于水中，受到惊吓时迅速移动，潜入水草深处，警报一解除，重新回到水面。虽然以前我们在普通的小溪以及稻田沟渠能看到它们的身影，但现在它们快要被列为"濒危物种"了，生存状况不容乐观。

[qīng jiāng] 水表层

青鳉

生活在水层表面，中国最小的淡水鱼，眼睛周围会闪闪发光，犹如"星星眼"。喜群游于静水及缓流水区。

宽鳍鱲：“别问，一问就是游泳健将。”

宽鳍鱲也是生活在水表的小鱼，它虽然看起来色彩斑斓，但性格十分凶猛，还拥有十分高超的游泳技能。宽鳍鱲分布比较广泛，在中国南北方均常见，它们喜欢成群游弋，以水中的浮游甲壳动物或空中不慎落入水面的小虫子为食。

宽鳍鱲因分布广泛，体型也因水域环境的差异而大不相同，例如我们在湖北南部山区看到的宽鳍鱲就比鄂东大别山水域的宽鳍鱲体型大很多。一般宽鳍鱲的个体长约为 14cm，最大个体可长达 20cm。

[kuān qí liè] 水表层

宽鳍鱲

喜欢嬉游于水流较急、底质为砂石的浅滩。游泳技能高超，在水中以速度取胜。以浮游甲壳动物为食，兼食一些藻类、小鱼及水底的腐殖物质。

鳑鲏：“我才不是菜市场的小鳊鱼。”

小时候，鲤鱼的地位似乎很高，只有在重大节日或贵客来访时，才能在餐桌上见着。那时还不知道，在 1000 多种淡水鱼中有一半与鲤鱼同属一个目，被统称为鲤形目，而其中，就有一种小型鱼类，分布广泛，经常被误认为是小鳊鱼，其实它们是鲤形目鲤科中的鱊亚科类群。

它叫鳑鲏，又称四方皮、镜鱼、彩圆儿。体形宽阔，侧扁，难怪不认识的人都会把它当成菜市场里的小鳊鱼。鳑鲏在武汉很常见，它还有一个十分有意思的习性——给小鳑鲏找“养父母”。

每到繁殖季节，雄性鳑鲏就会四处寻找健康的蚌壳，给雌鱼产卵用，它们与蚌类形成了一种共生关系。在野外，优质合适的活体蚌属于雄性鳑鲏的必争之物。一对雄性鱼斗争时，旁边数条雌鱼在水中围观，不相上下十几分钟后，最终失败者离去，优胜者拥有蚌、那小块水域以及对蚌感兴趣的雌鱼。

[páng pí]　水中层

鳑鲏

低海拔缓流或静止的湖沼水域栖息的小型鱼类，较常出现于透明度低、优养化程度略高的静止水域，常成群活动。杂食性，主要以附着性藻类、浮游动物及水生昆虫等为食。会把“子女”交给蚌壳抚养。

鰕虎鱼：“不吃素，我是淡水中的小猛兽。”

一片清澈的水域，水面上鱼群游弋，寻觅着食物，而水底的卵石间几个匍匐着的小身影却在互相吵闹，时不时还会互相威胁打斗一番。它们互不相让，鼓起腮帮、张开大嘴、撑起背部的帆鳍，猛烈时还会直接冲上去，直到认输的一方逃离。

这是一群很有趣的小鱼，个头虽小，却天生一副凶巴巴的样子。事实上它们确实是“称霸一方”的捕食者，不小心闯进它们势力范围的小鱼小虾都会被它们一口吞下，因此它们有了一个很响亮的名称——鰕虎鱼，是专门吃虾的“老虎”。

在我国，淡水鰕虎鱼除少部分在高原地带外，几乎各个水域都有分布，而且种类繁多。在武汉大大小小的湖泊池塘中就生活着几种迥异的淡水鰕虎鱼，如子陵吻鰕虎鱼、黏皮鰕虎鱼、波氏吻鰕虎鱼等。

[xiā hǔ yú] 水底层

鰕虎鱼

鰕虎鱼大多游泳力不强，活动范围较窄。生命力强，离水不易死亡。一般肉食性种类一年成熟，植食性种类两年成熟。雄性的鰕虎鱼会争夺领地或挖巢。

花鳅："我身上的斑纹，来自大自然艺术设计师。"

在铺满沙子的河底，生活着一种有趣的小型鱼，如同面条般细长而且侧扁，大部分身披花斑，性格温顺胆小，群体聚居，野外却不易看到。因为它们都有一项天生的逃窜技能——沙遁法，只要有一丝风吹草动就会迅速钻进沙子间，把自己整个埋在河底的沙床上，只留出一对小眼睛观察着水中以及水面上的动静。我们对这种鱼有个统一的称呼——花鳅。作为对生活质量要求不高的小鱼儿，它们放弃了在宽阔水域游弋的快乐，安心地趴在河底，扭动着细长的身躯，吞吐着身体下的沙子，过滤着其中的有机质，与世无争的样子如同一群低头啃食杂草的绵羊。

其实仔细观察花鳅，就能发现它的美丽，特别是从头至尾密布大小不一似乎随性的斑块，虽看似随意却有着一定规则，与身体完美组合没有一丝突兀，可以看出明显的上、中、下三组。

[huā qiū] 水底层

花鳅

嘴部都有触须，眼睛下面有不明显的凸起。它们行动敏捷，如果受到惊吓，会迅速钻入沙里。

白缘鉠：“我的梦想是面朝卵石，避世而居。”

水下是一个奇妙的异世界，各类生物施展着各自的技能与天赋繁衍生息，在它们之中，有的选择了一种隐者的生活方式，“避世”而居，即使是不小心暴露了身形，也会用最迅速的方式重新隐藏起来，白缘鉠就是这样一位“隐者”。

运气好时，在野外偶尔能发现它们的一鳞片爪，而能找到它们，只能算是个意外了。白缘鉠体型很小，生活于溪流卵石之间，每次都是连着大大小小的卵石稀里糊涂地被带出水面。

它头扁、嘴阔、须长，粗短身形，尾鳍圆，其他鳍弱化，游动时犹如蛇形，眼睛极小，几乎退化，因此它的视力不好，主要靠触觉活动。

拟鲿：“虽然我的名字容易给人遐想，但我是野生动物，不能尝！”

拟鲿是拟鲿属鱼类的通称，它们和白缘鉠一样都生活在淡水层底部，它们的身形细长，背鳍在前，触须很长，看起来很像动物的尾巴，所以很多地方俗称它为“牛尾巴”。

拟鲿最大的特点在于它十分警觉，拥有感官“探测器”，总是躲在石缝里，一旦感觉到动静或嗅到食物的味道，就会用触须四处“扫描”，主动捕捉食物。

虽然拟鲿名字很容易让人产生遐想，但其实所有的野生鱼类都属于野生动物，是禁止食用的。野生鱼体量小，寄生虫很难被发现，而且有的鱼在特定时期还可能会产生毒素，贪图口腹之欲是有风险的。因此，我们提倡保护野生动物，不仅是野生鱼，任何一种野生动物都不能食用。

[nǐ cháng] 水底层

拟鲿

体细长，背鳍接近平直；头平扁，尾侧扁。俗称“牛尾巴”。十分警觉，拥有感官“探测器”。

7种鱼，代表着7种生命形态，原来它们也有自己的脾气、性格，乃至“社交朋友圈”。现在我们来一起更新一下对于鱼和水的知识体系吧！

Q1：俗话说“大鱼吃小鱼，小鱼吃虾米”，那么小鱼是大鱼的小时候吗？

小鱼不是大鱼的小时候，二者不可混为一谈。事实上，小鱼是淡水中的基础物种，中国有1300余种淡水鱼，我们常说的青、草、鲢、鳙四种鱼是小鱼的亲戚，只是种类不同。

Q2：“水至清则无鱼”这种说法正确吗？

这是一种误解，其实，水越清的地方，鱼越多。鱼是水环境的一种生物指标，水越浑浊，说明水质可能越差，鱼就会越少。

相反有的地方鱼的数量可能很多，但鱼种单一。这种情况很有可能是由于水环境的持续破坏，只有少数几种对环境耐受力强的鱼幸存下来，并迅速占据空缺下来的生态位，单一鱼种的数量在短期内骤增的缘故。

Q3：我们常见的网红“亲嘴鱼”，真的是两条鱼在谈恋爱吗？

这也是人类的主观臆测，其实从科学的角度来看，很有可能是两条公鱼“奶爸”在竞争，和鰕虎鱼一样，在看似“耳鬓厮磨”的互动间，暗自较劲。

Q4：在武汉，能在溪流里找到前面介绍的那些小鱼的踪影吗？

武汉的溪流其实并不少，只是因为城市的扩张，一些溪流就消失了。倒是靠近山区地带还能看到天然状态的溪流，虽然这些溪流看起来环境很好，但水里面的状态并不一定很理想，这是城市周边很普遍的一个状况。

在武汉一些景区，由于早期建设时对溪流没加以保护，致使栖息地被破坏，原生鱼种消失，所以要找到这些小鱼，要从保护我们城市的“毛细血管”——溪流开始。

或许大家不知道，溪流是我们赖以生存的基础之一，所有淡水的源头都来自溪流，大江大河都是由涓涓溪流汇聚而成的。

第四课 你的智商还不如一朵花

科普现场：中科院武汉植物园（云直播）

科普时间：2020 年 6 月 21 日

科普主讲人：张莉俊，中国科学院武汉植物园高级工程师。

夏至来了，对于武汉植物园的“明星选手们”来说，这是一年一度的出道好时机。荷花姐姐重出江湖，气场全开，美人蕉、桔梗、凌霄姐姐们盛装出席，招蜂引蝶不在话下。而路边看似静默的鼠尾草、马兜铃，也在悄悄准备“成团”大招，这些有颜更有才的花儿姐姐们，正乘风传粉，向阳而立……

中国科学院武汉植物园高级工程师张莉俊，带我们走进花丛深处，解读“花儿的传粉策略”，这些策略似天然巧合，也更是智慧过人。

张莉俊接受采访

花儿的传粉“成团”秘诀

花儿传粉“成团”能否成功，是决定植物能否繁衍后代的重要因素。而要完成传粉，很多花儿需要运用智慧和策略来借助外力，借助的外力主要有风媒、虫媒、水媒等。

每朵小花都有自己独特的气质和智慧，关于她们惊艳夏日的绝技，你选谁？

才貌双全：鼠尾草
不会“杠杆原理”的花儿不是好的传粉高手

鼠尾草是典型的虫媒花，也是一众植物里“有颜有才”的传粉高手，不仅身形娇俏，面容姣好，还天生拥有“数学头脑”。

鼠尾草的雄蕊构造很奇特，在花丝和花药之间的连接处有一个支点，而它连接花药的部位一延长就变成了一个可以活动的“杠杆”。顶端还有2个发达的花粉囊，起着平衡的作用，且位置却极为重要，能够恰好遮住花冠管的入口。

当蜜蜂或其他昆虫被鼠尾草花朵分泌的蜜汁引诱，想要进入花冠管的深处饱餐一顿时，必须通过“皮囊”这一关。

昆虫钻进来后会用脑袋使劲撞击“皮囊”。此时，鼠尾草的“杠杆”装置“发力”了——当“皮囊”被向内推动时，上部的长臂自然向下弯曲，顶端的花药开裂，花粉正好洒落到蜜蜂毛茸茸的背上。这就是鼠尾草善于使用的“杠杆原理”，它设计的力臂长度、花粉抛撒的角度准确无误，简直称得上是天才。

最强大脑：马兜铃
“蜜室大逃脱”保持 100%胜率玩家

马兜铃是一种看似平平无奇的植物，但它却有着令人惊叹的智慧。和它做朋友必须要经历“蜜室大脱逃”的考验，和它

马兜铃

的“最强大脑”比拼。

马兜铃的花呈漏斗状，它有一个叫花蜜储藏处的地方，就是图中呈圆形凸起的地方，昆虫需要进去才能吸到花蜜、采到花粉。

当昆虫到访时，马兜铃非常热情，它的花瓣底部有腺体状毛一根根向花蜜储藏处倾斜，这些毛就成了昆虫进入其中的滑滑梯，昆虫顺利进去之后，吃饱喝足，要出来时才发现大事不妙：糟糕，这些毛变成了挡路的刺毛，出不去了怎么办？

其实，昆虫只是暂时被马兜铃“关禁闭”，等到花粉成熟后完成散粉，刺毛便倒伏，昆虫就可以带着花粉爬出来了，也就顺便完成了授粉的过程。

自带气场：松花粉
乘风传粉，一不小心就飞到了天涯海角

松花粉是马尾松等松树的花粉，是气场强大的风媒花的典型代表，它借助风的力量进行传粉，而且花粉量特别大，风一吹，花粉就可以飞到很远的地方。

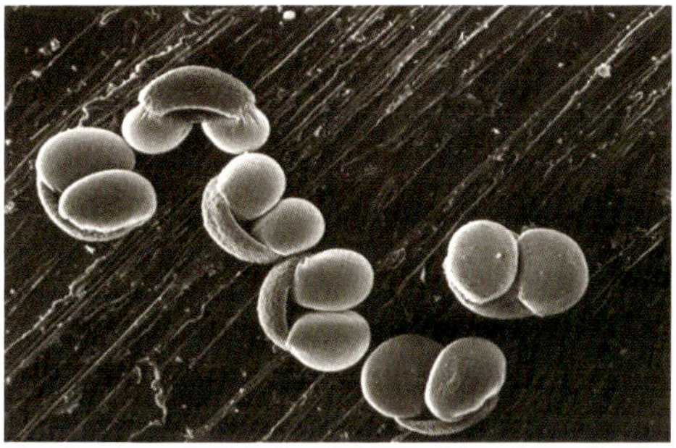
松花粉的气囊，如同小翅膀

用肉眼看，我们只能看到这些花粉在风中飘散，可如果放到显微镜下，我们就能知晓松花粉是如何借助风力传

粉的了。

首先，它的花粉很轻，每一粒的直径为 15~18μm，相当于我们人类头发丝直径的 1/5。其次，它的花粉还长着两个气囊，这两个气囊像翅膀一样足以让松花粉飞得又高又远。

松花粉乘着风，传播距离可达 4000km，相当于从北京传播到海南，所以这位风华绝代的花儿姐姐，一不留神就容易飞得太远。

绝代双骄：苦草

关于配对，苦草“男孩”和苦草“女孩”是认真的

以水为媒介传粉的花儿称为水媒花，其中有一种名叫“苦草”的植物，形似韭菜，它的传粉方式也很特别，是利用水面传粉的代表。

苦草是雌雄异株的植物，在一株苦草的个体上只生长雄花，在另一株个体上只生长雌花。

每次传粉，雌花的花梗向上升至水面，在水面

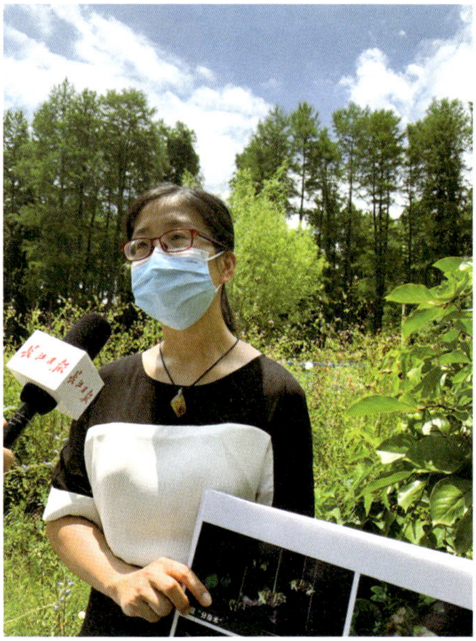

张莉俊介绍植物

形成一个凹陷。雄花开花时从苞片中脱出来漂浮于水面，当雄花漂到雌花形成的凹陷时就会倾斜，这时花粉接触到柱头开始授粉，等授粉完成后，雌花闭合，细长的花梗呈螺旋状卷曲缩回水中，在水下开始孕育新的生命。

在武汉的很多水生环境中就能看见苦草，细细观察，就能一睹苦草“男孩”和苦草“女孩”的联手传粉。

花儿背后的“支持者”

据统计，自然界65%的显花植物都是通过昆虫进行传粉的。除了大家熟悉的蜜蜂、蝴蝶之外，还有蛾、蝇、甲虫等。

昆虫是白白为花儿打工吗？有哪些昆虫或动物是大自然中隐藏的传粉高手？

全能万花迷：蜜蜂
不只收集花粉，还想迷倒众生

提到虫媒花，不得不介绍自然界的万花迷：蜜蜂。除了外形可爱，它的业务能力，也被植物界公认。

作为专业的传粉者，除了数量比较多之外，蜜蜂的种类也比较多，全世界共有2万多种野生蜜蜂进行访花采蜜。从这个层面来说，蜜蜂的劳动力资源丰富，可以对很多植物进行传粉。

蜜蜂采蜜

它的专业性还表现在具有专业的设备。蜜蜂的两条后腿后面有花粉筐、腹毛刷，而且它身上的结构及纹理、凹槽都有利于将花粉收集进花粉筐中。有些有孔裂花药的植物如杜鹃、番茄等，很难收集花粉，但蜜蜂能通过抖、吸、刮等方式，使出浑身解数来进行传粉。

蜜蜂有专业的精神，十分勤劳。科学家统计，收集 453.6g 白车轴草的花蜜，需要蜜蜂进行约 17330 次采集之旅，造访 870 万朵花，连续工作 7221 个小时（约 301 天）。

武汉地区的蜜蜂也很多，主要有东方蜜蜂（中蜂）、西方蜜蜂（意蜂）、木蜂、熊蜂、隧蜂等蜜蜂科比较常见的种类。

低调夜行者：蝙蝠
晚上碰到也别怕，它只是去交朋友

除了蜜蜂，还有一种我们意想不到的传粉高手，它就是蝙蝠。我们都知道蝙蝠是夜行动物，它的声呐系统能够收集回声波，而那些与蝙蝠交流的奇葩植物，外形都长得比较奇特。蝙蝠能识别仙人掌的“毛毯神功”、蜜囊花的“勺子功”、黧豆的“分身术”、老茎生花炮弹果“狮吼功”，植物的这些“神功”都是为了吸引蝙蝠来完成自己授粉的使命。所以保护蝙蝠也就保护了跟蝙蝠息息相关的生物圈。无论是野生动物还是植物都是我们生态系统中重要的一环，我们能做的最好的保护，就是不打扰。

在自然界，每株小草、每阵微风都有着自己的使命。原来植物的智慧也可以超乎人类的想象。

第五课 "开天眼"，穿越星际看武汉

科普现场：中国地质大学（武汉）逸夫博物馆

科普时间：2020 年 5 月 31 日

科普主讲人：刘福江，中国地质大学（武汉）地理与信息工程学院副教授。

仰望星空，
我们被浩瀚无垠所吸引，
勇敢地航向前人未至的宇宙洪荒。
回望城市，
从壮阔长江到灵秀湖泊，
从盘龙古迹到三镇鼎立，
从樱花淡粉到荷花微醺……
仅以人类扁平的视角，
无法全部窥探这片土地的多样和美丽。
幸好，我们还有“天空之眼”，
带我们穿越时空，看宇宙苍穹，看万里山河。

中国地质大学（武汉）地理与信息工程学院副教授刘福江借助“天眼”的独特视角，带我们遨游地球的星际朋友圈，还回望了武汉近期的变化。

今天，任何人带上手机都能实现古人的梦想

古人以“千里眼”“顺风耳”为神话意向，表达他们对探索未知的向往，而现今，任何人带上手机就能实现“一目千里”

刘福江教授授课现场

的梦想。很多人疑惑，“天眼”这个词语到底指什么呢？其实，“天眼”泛指一切非接触性远距离探测，也可称为“遥感”，视觉、听觉、嗅觉、空间知觉都属于遥感。

我们站在地球上，通过探测设备看火星、月球，乃至更深远的地方，这是“天眼”的一个视角，而从宇宙看地球，通过卫星等遥感技术观测地球上的地质、环境等方面，是“天眼”的另一个视角。

遥感这个技术并不神秘，我们在日常生活中经常运用到它。我们使用的手机通信、导航定位、红外线测温等都属于遥感的范畴。

你知道吗？在地球周围 750km 左右的高空范围内，有非常多的卫星，时时刻刻围绕着地球。如果天气晴朗，拥有亚米级、厘米级分辨率的卫星遥感，可以看清地面报纸的标题、车牌以及人物。

据统计，截至2020年，全球在轨卫星就达到了约3000颗，现在你的头顶上，可能就有一颗卫星注视着你呢！

寂静在左，烟火在右，它见证武汉苏醒

“天眼”技术不仅能从地球看遥远的外太空，也能通过卫星遥感等方式观察地球，具体观察内容有气象变化、人类活动、自然灾害、地质环境、林业绿化等。

武汉疫后重振，创建国家生态园林城市、国际湿地城市是重要工作之一。不过，只有在“天眼”视角下，城市绿化量达到40%以上，才可达标。

我们能从“天眼”看到武汉真的越来越绿了，也能见证我们的城市从“沉睡”到“苏醒”的全过程。

在“天眼”视角下，因疫情严格封控的武汉，车少了，灯也少了，仿佛静止、黯淡了。城市重启后，街道重回车水马龙。

自2020年4月8日武汉解除离汉离鄂通道管制以来，在如今疫情防控常态化形势下，人们的日常生活逐渐恢复，烟火气重回，城市活力归来。这一切，不光肉眼可见，还能借用“天眼”看得清清楚楚。

去火星只有单程票，你愿意去吗？

2020 年 5 月 31 日，SpaceX 载人“龙”飞船在佛罗里达肯尼迪航天中心顺利发射升空。宇航员罗伯特·贝肯和道格拉斯·赫利搭乘飞船前往国际空间站。这是人类第一次乘坐商业飞船飞往太空。

科技狂人马斯克曾说：“这个星球不配我死。”他曾计划用 10 年时间将 100 万地球人送上火星生活，如今，他离梦想又近了一步，又一次把人类未来推进了一大步。

马斯克的“火星计划”以每人 20 万美元的成本为前提，且途中需要 6 ~ 9 个月的时间。你知道吗？去火星只有单程票，目

刘福江教授介绍太空知识

前的科技无法实现返程，一旦去了，就意味着永别地球。这种情况下，你还愿意去吗？

当下，国际深空探测的重点已经转向火星，那么火星上到底有什么呢？它能成为第二个地球吗？

事实上，科学家们通过“天眼”早已对火星上的地质成分进行了分析，火星上不仅有水，还有能够强烈氧化的赤铁矿等物质。值得一提的是，2020 年，中国的“天问一号”踏上了火星探测的征程，这也标志着中国跻身航空强国。

星际朋友圈里地球和谁“相爱相杀”？

除了火星，月球是地球最亲近的朋友，它是地球唯一的一颗卫星。各国对月球的探测次数非常多，长久以来人们观测到的月球只有一面对着地球。

你知道吗？中国是首个着陆月球背面的国家。2019 年 1 月 3 日，“嫦娥四号”着陆在月球背面南极-艾特肯盆地内的冯·卡门撞击坑内，这是人类首个着陆月球背面的探测器。

根据对月球的深度探测，科学家们发现，月球上有丰富的氦 3（He-3），是目前最理想的核燃料。He-3 主要来源于太阳风，地球上的 He-3 极少，但月球上的 He-3 储量约为 500 万吨，可满足地球上人类发电 10000 年。

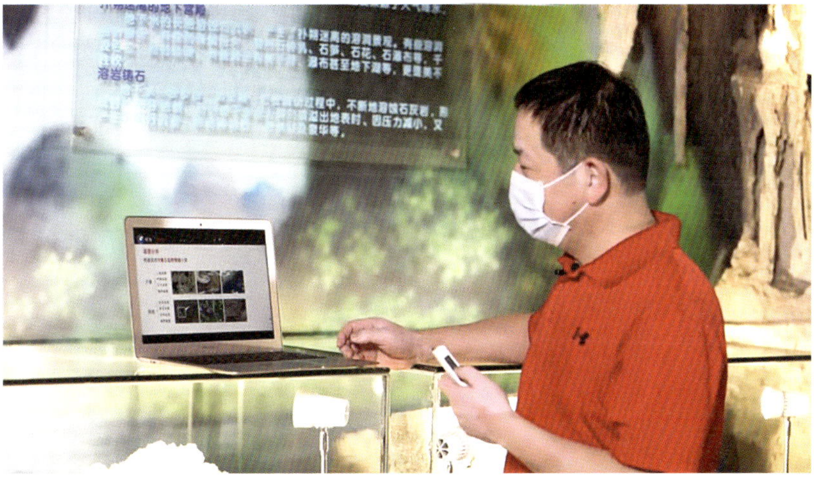

刘福江教授正在讲课

月球到底是怎么形成的呢？关于它的"身世"，流传着很多假说，其中最可信的假说是这样的：在约46亿年前地球诞生不久，地球附近有一颗与之大小相似的星球叫"特伊亚"。它与地球竞争同一个轨道时与地球撞在了一起，后来，经过不断撞击、拉伸，地球将其抛出自己的轨道，但通过引力又将它再次拽住，再后来，这个星球就成了地球的卫星——月球。

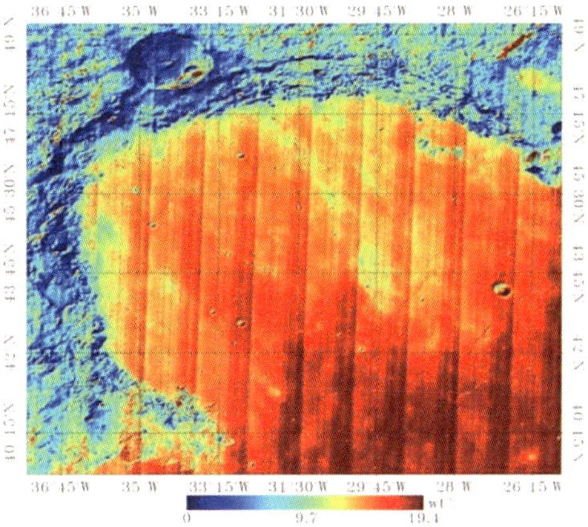

刘福江教授所作的月球虹湾地区 FeO 丰度图

从“寄蜉蝣于天地”了解古人的宇宙观

中国古代，人们没有“天眼”这些高科技，他们是怎样观测宇宙的呢？其实，古人对于宇宙的认识，主要靠前人上百年甚至上千年的记载与积累。古人通过对四季变迁、星辰天象的观察，不断总结规律，得出“上下四方曰宇、往古来今曰宙”的宇宙定义。

大家非常熟知的一句话“寄蜉蝣于天地，渺沧海之一粟”，也承载着古人对于宇宙的认知智慧。而这个故事，也非常有意思，值得我们思考。

在古时候，有一种生物叫作“蜉蝣”，蜉蝣朝生暮死，生命

刘福江教授讲课现场

只有 1 天时间。有一次，一个人在路上碰到蜉蝣在哭泣，他便问蜉蝣为什么哭。蜉蝣说，因为家人都死了，所以很伤心。人便劝解道："你们的寿命只有 1 天，马上你也将不久于世，不应该这么伤心啊！"后来，这个人才反应过来，他用人类 70 年的寿命去衡量蜉蝣 1 天的生命，才会觉得蜉蝣生命太过短暂，他回去找到蜉蝣想要道歉，却发现蜉蝣已经去世了。这个人方才领悟，之于天地，之于宇宙，人类 70 年的寿命不就如同蜉蝣一样短暂吗？

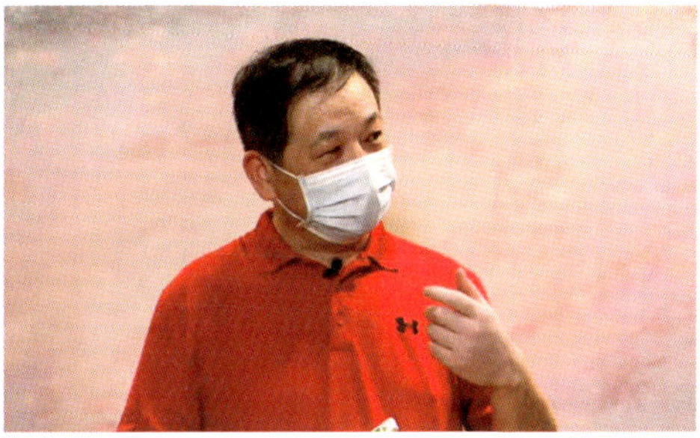

刘福江教授接受采访

这个故事告诉我们，生命无论多么短暂，我们都要活在当下。虽然人类很渺小，但是微尘也能连接天地，人类本就是宇宙的一部分，我们与宇宙也是共生的关系。

仰望星空，脚踏实地

在当今时代，人类争先恐后地前往太空探索未知，那么人类为什么一定要探索太空呢？

由于人类居住的地球，只是浩瀚宇宙中的一个小小星球，

星系图

刘福江教授解答疑问

目前人类对太空的认识，就像在海滩上玩沙子的儿童对大海的认识一样。人类也只有通过太空探索，才能最后回答“宇宙是从哪儿来的”“人类是怎样产生的”等这些长期困惑人类的问题。

但人类在开展太空探索的进程中，也必将抛弃以人类为中心的“人定胜天”的理念，努力保护太空的生态，达到“天人合一”的终极目标。

中国月球探测工程首席科学家欧阳自远说过：“仰望星空，脚踏实地。”我们如果只“脚踏实地”，不“仰望星空”，人生就会失去目标，没有前进的动力。所以，如何树立正确的宇宙观，也是久居城市的我们应该思考的问题。

我们常常被一叶障目，而忘了仰望星空，其实星辰大海一直都在。

第六课

3.5 亿年了，那些自然老师终于教会了人类……

科普现场：华中农业大学博物馆

科普时间：2020 年 7 月 19 日

科普主讲人：姜昊，华中农业大学博物馆馆长。

拥有头、胸、腹三部分，
六只脚，两对翅膀……
看起来小小的，不起眼，
却有写在基因里的“聪明”和生存绝技。
自约3.5亿年前诞生以来，
昆虫一直与大自然“协同进化”，
成为地球上最庞大、最兴旺的家族。
人类总惊叹于大自然的神奇，
殊不知，最好的自然老师，
就是身边那小小的个体。

华中农业大学博物馆馆长姜昊带领我们走进缤纷的昆虫世界。

与地球为伴亿万年，每种昆虫都有其特长，而“仿生学”原理，将它们与人类的生活紧密相连。

那么，以昆虫为师，我们都能学到什么呢？

姜昊介绍馆内昆虫

蜻蜓

蜻蜓是世界上最古老的昆虫之一，比恐龙出现得还要早。别看它现在这么小，在恐龙时代，它可长达 1m 多，但大的体型，意味着消耗也大，后来为了更好地生存，它们就进化为我们现在常见的大小了。

蜻蜓是昆虫中飞行能力最强的，它可以倒飞，飞行时速可达 100km，所以它如英文名 dragonfly 所描述的一样，是飞行的“龙”。杜甫有诗云：“穿花蛱蝶深深见，点水蜻蜓款款飞。”赞叹的就是蜻蜓。

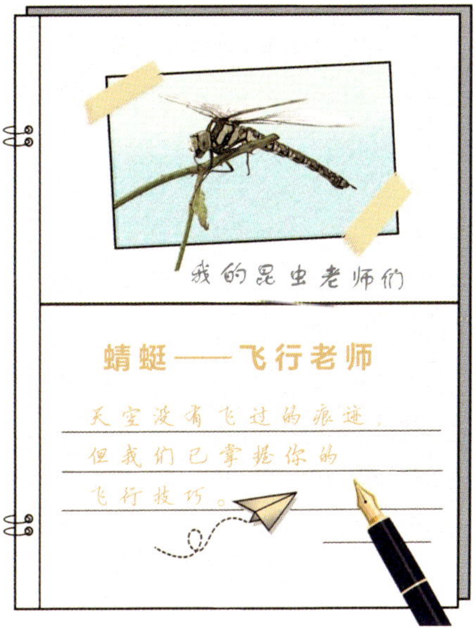

蜻蜓翅膀上有两个凸起的地方，黑黑的，叫作“翅痣”。翅痣能够扰动气流，产生振动，从而保持平稳。依靠加重的翅痣，即使高速飞行，蜻蜓也能安然无恙。发现这一特点，人类仿照蜻蜓，在飞机的两翼加上了凸起的“平衡重锤”，之后，飞机在高速飞行时，因气流引起剧烈振动的问题也就解决了。

蝴蝶

蝴蝶是比较常见的昆虫，但我们在日常生活所见的很有可能是蛾子，并非蝴蝶。分辨蝴蝶和蛾子，可以观察它们的飞行状态，蝴蝶是翩翩起舞的，它的前后翅不同步扇动；而蛾子飞行时像是在扑腾，因为它的翅膀上有一个翅缰，像一个缰绳，容易把自己绊住。

地球上已知的蝴蝶种类超过 17000 种。如果按照“武林门派”来分，蝴蝶个个拥有独家秘籍。有些蝴蝶善于拟态，有的蝴蝶舞技高超，还有的蝴蝶是有毒性的。在我们华中地区，经常能看见一种名为“玉带凤蝶”的蝴蝶，翅膀上有丝带般的点缀，深受人们喜爱，它是“梁祝化蝶”传说的原型。

蝴蝶的翅膀上还覆盖着很多鳞片，可以巧妙利用阳光，展示不同的颜色以及调节体温。每当气温上升或下降时，鳞片会自动张开或闭合，以调节阳光的辐射角度，从而把体温控制在正常范围之内。人类通过观察蝴蝶，经过研究，仿造出了一种控温系统，运用在了航空航天领域的设计当中。

蜜蜂

曾有人说，如果人类没有蜜蜂，人类所需的农作物产量会减少 10%，多年后，人类可能会面临危机。其实，蜜蜂除了是勤劳的采蜜大师，它还是自然界的“天才建筑师”。

蜜蜂的蜂巢由无数个大小一样的正六边形的巢室组成，每个巢室都紧密地连在一起。蜂巢底部既不是平的，也不是圆的，而是尖的，这个底部由 3 个完全相同的菱形组成。

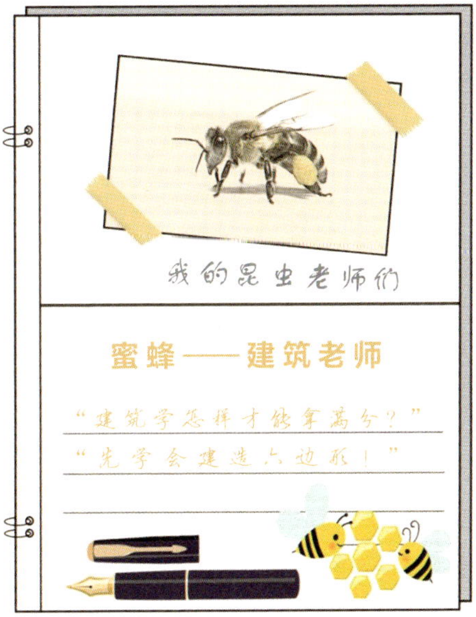

如此聪明的蜜蜂，人类是怎样学习的呢？科学家们正是模仿蜂房的结构，找到了人造卫星比较理想的结构。据科学家分析，六边形既可以最有效地节省材料，也可以合理利用空间。模仿蜂房结构制造的卫星，不仅可节省大量材料、减轻重量、增加容量，还具有隔音、隔热的性能。

甲虫

甲虫是昆虫纲鞘翅目昆虫的统称，它们是地球上最大的昆虫族群，已知的甲虫种类约有 30 万种，我们常见的甲虫有金龟子、天牛等。

甲虫的颜色为结构色，色泽非常丰富，而且永远不会褪色。人类想仿照其特征制作装饰品，却无法仿出一模一样的颜色，于是出现了很多人为追求华丽的奢侈品而捕捉甲虫、取其甲片的行为，这种行为应该被强烈谴责和抵制。

在这里也要提醒大家，昆虫固然有太多值得人类学习的地方，但它们和地球共生了几亿年，与自然和谐相处的“自然观”，是否更值得我们深思呢？

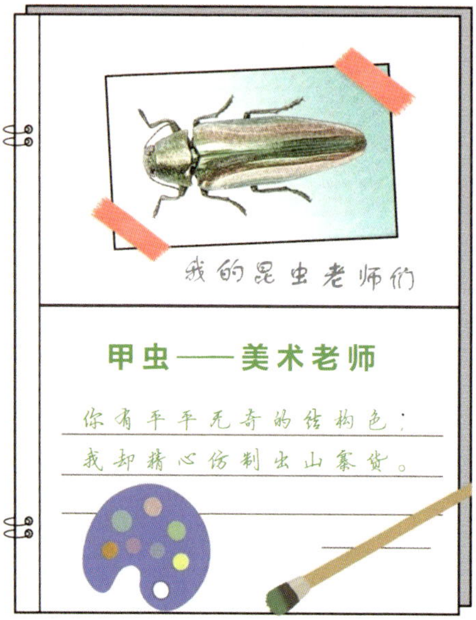

其实，不只是“三虫行，必有我师焉”，自然界的每种生命体，都有其存在意义和可学之处。

我们应当敬畏自然，尊重生命，每种生命都有自己的生态位，所有的物种都应该找到自己的位置，互不干扰。作为人类，不破坏其他生物的栖息环境，不买卖野生动植物，理应是一个地球人的基本修为。

第七课　武汉的人、人、人里，有群小精灵

科普现场：武汉解放公园

科普时间：2020 年 7 月 26 日

科普主讲人：颜军，武汉市观鸟协会会长。

被覆羽毛、有翼、恒温、卵生的高等脊椎动物被称为“鸟”。在武汉，约有420种野生鸟类落户于洲泽湖畔，而我们常见的鸟有50种左右。它们形形色色、性格迥异，或生于江湖，或长于江城。与受这方水土滋养的人一样，它们身上似乎也有浑然天成的“江湖气息”。

武汉市观鸟协会会长颜军带领我们刷新了对这些“江城小精灵”的认识。

从观鸟、拍鸟到护鸟，鸟儿之于颜军，已如老友。同为“江湖儿女”的你们，都熟悉这些鸟吗？

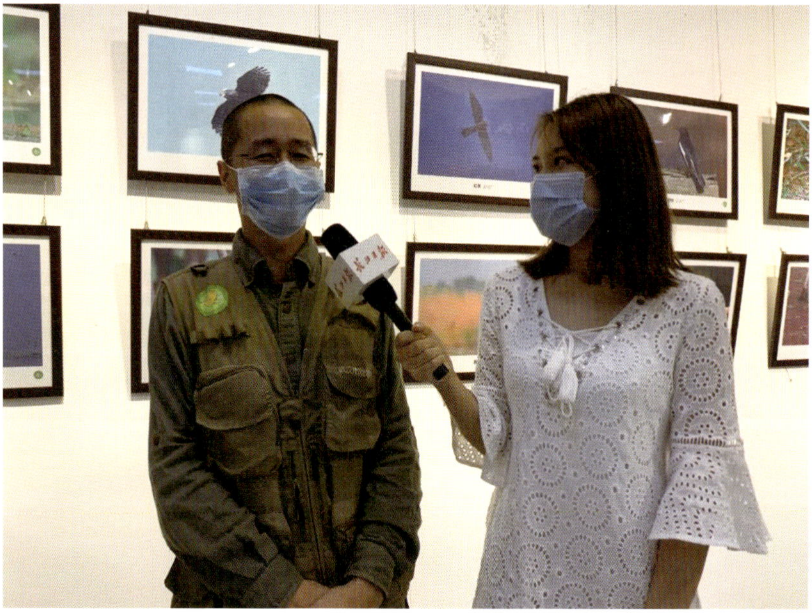

颜军讲解鸟类知识

麻雀

麻雀是我们最熟悉的野鸟，它身材娇小，全身棕褐，杂有黑纹，脸颊上有大块黑斑。有时成群结队地在电线杆上叽叽喳喳，有时在矮小灌木丛中飞来飞去。

虽然它们看起来模样呆萌，一副不太聪明的样子，但实际上，麻雀的脑部占身体的比重和人类一样，都为1:43。它们非常机灵，身手也十分敏捷。如果仔细观察，你会发现，麻雀在地面活动时，只会用双脚蹦蹦跳跳，几乎不迈步行走。飞得累了，就没入人群。在四季变换之时，在城镇的喧哗里，它们总是行色匆匆，一转眼，就消失不见，又在不经意间，在你的窗外“发起了呆”。时而意气风发，时而内敛沉稳，散发着淡淡的江湖味。

麻雀

Passer montanus

15cm

雀形目　雀科

#机智过人

我没有在电线杆上发呆，
其实我正在开动我的小脑筋。

灰喜鹊

黑色的头，淡蓝色的翅膀和尾羽，尾羽长且末端白，一头一尾，一黑一白，仿佛戴着黑色礼帽，身穿燕尾服的老派绅士。

它是灰喜鹊，通常成小群活动，性情凶猛，叫声喑哑。虽然自身的服装配色，已经低调到差不多只能拍出黑白照片了，但灰喜鹊总喜欢叼着橙黄色的大柿子，企图混出一张彩色照片。

它也是武汉城区最常见的鸟之一，和武汉的“老杆们”一样，灰喜鹊也喜欢穿梭在大街小巷，交友广泛。野外的灰喜鹊密度比城市低得多，它们十分聪明，深知人类食物中的高蛋白是喂养小鸟的重要营养来源，于是大部分义无反顾地留在了城市。

戴胜

在公园，经常能在草地上看到一种很漂亮的鸟，有着黄色的脖子，全身用黑、白、棕三种颜色巧妙搭配，黑棕相间的冠羽，错落有致的黑白翅膀，长而弯的黑色嘴巴，整体看上去，十分灵动。

它叫戴胜，顾名思义，就是“戴着‘胜’的鸟”。胜在古代是一种头饰，戴胜头顶的冠羽在兴奋时会张开，因此让人联想到古代的“胜”。其长相奇特，配色高级，堪称“鸟界行走的时尚范本”。

长得好看还接地气，它是武汉最不怕人的鸟之一。经常在草坪上闲庭信步，用它那长长的嘴，垂直插入地面搜寻昆虫，运作快速而有节奏，就像运作的老式缝纫机，直至捕捉到虫子，才慢悠悠地展翅飞走。

戴胜

Upupa epops

30cm

戴胜目　戴胜科

#颜值取胜

头顶凤冠，配色高级，请叫我时尚偶像。

黑脸噪鹛

全身棕色，脸上一块大大的黑斑，臀部棕红色，说起它的名字，可能你不大认识，但听听它的叫声，你就能分辨出，这是独具武汉特色的鸟——黑脸噪鹛（méi）。“diu diu diu……”每当空旷的绿地传来这种十分响亮而具穿透力的声音，不要错认为是一群鸟在吵架，其实只是小群的黑脸噪鹛在“嗙天”，它们的习性和名字十分贴切，躁动、嗓门大，像极了性格火热的武汉人。

黑脸噪鹛算不上最好看的，但却被视为武汉市观鸟协会的会鸟，这也是因为它与武汉人性格十分契合。

鹊鸲

春、夏季早上四五时，窗外会定时响起清脆、婉转而悠长的歌声，一曲未终，一曲又唱，完美地展现了城市“打鸣公鸡”的功能，它就是我们熟知的鸟——鹊鸲（qú），又称“四喜”。

鹊鸲的雄鸟身体为蓝黑色，腹部白色，两翼上狭长的白斑是一个显著特征。它和喜鹊长得非常像，在国外它的英文名翻译成中文就叫“小喜鹊”，素有“报喜鸟”之称。

鹊鸲为什么在春夏起得那么早？有专家研究，大部分鸟类视觉细胞缺少能感受到弱光的杆状感光细胞，所以它们是根据太阳的运转而调整作息的，“日出而作，日落而息”用在鹊鸲身上，十分贴切。所以，见过凌晨 4 时武汉的，不只有热干面大户们，还有鹊鸲。

珠颈斑鸠

鸟儿大多喜欢成群活动，而“鸟中贵妇”珠颈斑鸠则是一只独行侠。它有着我们熟知的鸽子大小的体型，头小、身体肥、尾巴长。它脖子后面大块黑斑上布满白色的圆点，就像戴着一条缀满珍珠的项链，因此称为“珠颈”。

珠圆玉润，天生带有“珠光宝气”，优雅的珠颈斑鸠注定和其他聒噪的鸟儿拉开了距离。

它常在地面活动，走动时头部有节奏地前后点动，虽然不太怕人，但喜欢独来独往，受到惊吓，就会立刻飞走。干脆、果断，又不失风度，你说这“武不武汉”？

棕背伯劳

棕背伯劳体形修长，戴着一个黑色“眼罩”，粗壮的嘴巴带钩。常常站在区域的制高点，比较醒目。黑色的“眼罩”和凌厉的眼神，使其有着“城市猎人”般的气势。

也许是沾染了“英雄城市”的豪侠之气，棕背伯劳还被称为“屠夫鸟”，它主要食肉，能猎杀麻雀等小鸟。除此之外，它还喜欢将食物挂在荆棘枝、树梢上。

当别的小鸟远远地看见树梢上挂有昆虫等的尸体，一般就能知道，那是棕背伯劳正在“吃饭”，最好不靠近。不过对于生态环境来说，它可是“清道夫”，能够清理很多自然残留物。

青头潜鸭

在江城武汉，还生活着很多游禽。它们善于潜水，是“游泳健将”。其中有一种叫青头潜鸭的鸟类，它体圆，头大，头和脖子呈黑色，具有绿色光泽，雄性眼圈周围为白色。

它是全球极度濒危物种，种群数量全球不到 1000 只。而在武汉，青头潜鸭的数量为 300 只以上，是全球单一城市中种群数量最多的。青头潜鸭几乎完全依赖淡水环境生存，其种群数量可以被视为淡水环境健康的指标。

因为得天独厚的湿地环境，青头潜鸭选择在武汉落户，它们用自己的行动为这里的好生态点赞，我们作为武汉人，也该用实际行动好好守护这群珍贵的物种。

身边的常见鸟，不仅颜值与智商并存，还传递着与自然和谐相处的生态观。一项鸟类纪录的刷新或消失，都与我们的生态环境休戚相关。

这些可爱的精灵，是我们不可或缺的朋友，也是环境非常显性的指标，鸟越多的地方，就代表环境越好。武汉市的鸟类近年来持续增加，是一种好的信号，希望热情有爱的武汉人能继续给予它们最温柔的保护。

第八课 没有它们，人间美味将消失一大半

科普现场：华中农业大学农业微生物学国家重点实验室

科普时间： 2020 年 8 月 23 日

科普主讲人：郑世学，华中农业大学生命科学技术学院教授。

大自然江湖里，有些不见其形、只闻其名的侠客，约38亿年前，它们就开始闯荡地球，玩转了每个隐秘的角落。百万年前，人类出现，与其“签订”了共生共荣的“武林盟约”，从此，江湖留下了不少关于它们的传说。都说“天下武功，唯快不破”，它们却深谙各种独门绝技。功力深厚，行踪不定，上得了冰川极寒之地，下得了动植物身体肌理……它们是微生物，人类不可忽视的生命共同体。

华中农业大学生命科学技术学院教授郑世学为我们揭开微生物的神秘面纱。

微生物如侠客般身怀绝技，在与人类共同演化的过程中，它们又扮演着什么角色呢？

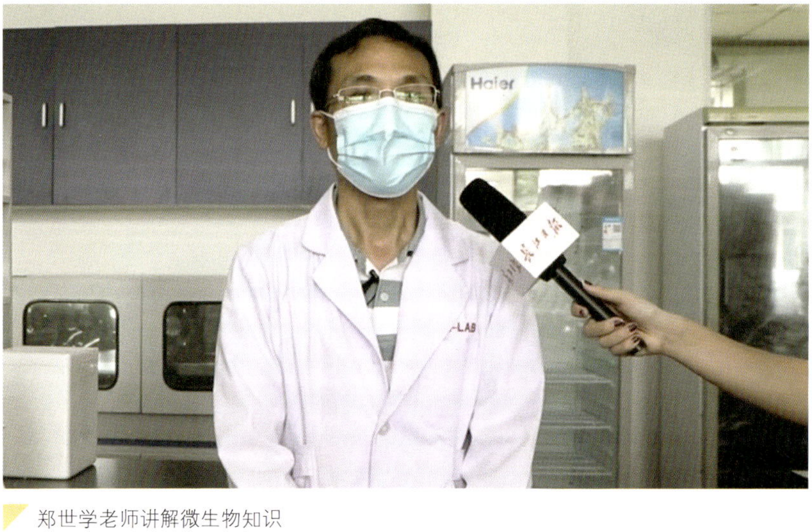

郑世学老师讲解微生物知识

神秘的“蒙面大咖”轻易看不见？这让蘑菇君情何以堪

微生物这一生命体，用“小”都不足以形容，而必须用“微”才能准确描述。如果要度量其大小的话，我们用“微米”（μm）来度量。1μm 等于 1/1000mm，微生物中最常见的细菌一般为几微米大小，相当于 1 粒芝麻切分为 1/1000 的大小。

如此小的微生物，显然很难被人类的肉眼所看见，不过，一旦它们聚集起来形成菌落，就比较明显了。蘑菇就是典型的可以看见的微生物，它是由很细的真菌菌丝交织在一起形成的产物，属于真菌界担子菌纲，因被人们喜爱，蘑菇产业已成为我国农作物中的第六大产业。

蘑菇只是个特例，大多数微生物都是神秘

的“蒙面大咖”，它们个体形状多种多样，如细菌就有球形、杆状，有的还呈弧形或螺旋形，这些个体一般会聚集在一起，形成特定形状，如葡萄串、项链和立方体等形状。因此，微生物不是以个体形态在战斗，而是以群体的形式生存和发挥功能。就单一个体而言，只有通过显微镜，才能看清它们的真面目。

平平无奇美食家，美食还是“霉食”？一念之间，我就玩转舌尖

微生物天生掌握人类的美食秘籍，我们的生活一刻也离不开它们。这其中有一些很好玩的原理，比如说，面包、酒、酸奶、泡菜等都是依赖于微生物发酵的美食。其中酸奶、泡菜等要依赖乳酸菌发酵才风味更佳，而面包、红茶则是依赖酵母菌等菌起作用的食物。

乳酸菌是一种非常常见的微生物，植物的叶片上一般都有乳酸菌。既然植物上都有乳酸菌，为什么只有泡菜是酸的？那是因为，乳酸菌在有氧和无氧条件下都可以生长，隔绝空气后，在泡菜坛子里，好氧菌消耗掉氧气不能再生长，而乳酸菌逐步成为优势群体，成为优势群体的乳酸菌使环境中 pH 下降，抑制别的菌类生长，才产生酸味。早在 5000 年前，人类就已经在使用乳酸菌了。

微生物能让食物变得美味，相反也能“吃光”食物中的营养物质，代谢出酸、臭等味道，导致食物变味，甚至有毒。食物腐烂就是典型的微生物繁殖引起的霉变例子，人类为了不让微生物和自己抢吃的，也想出食物腌制、脱水、防腐等各种奇招。

真正的时间管理大师，该吃吃，该睡睡，我有自己的时间管理策略

微生物是地球上最早出现的生命体，是真正的时间管理大师。据考证，约38亿年前，微生物在地球上出现，约30亿年前，蓝细菌出现，其后，地球从无氧环境转变为有氧环境。人类的演化历史只有几百万年，而动植物自诞生的那天起，就沐浴在微生物的海洋里了。

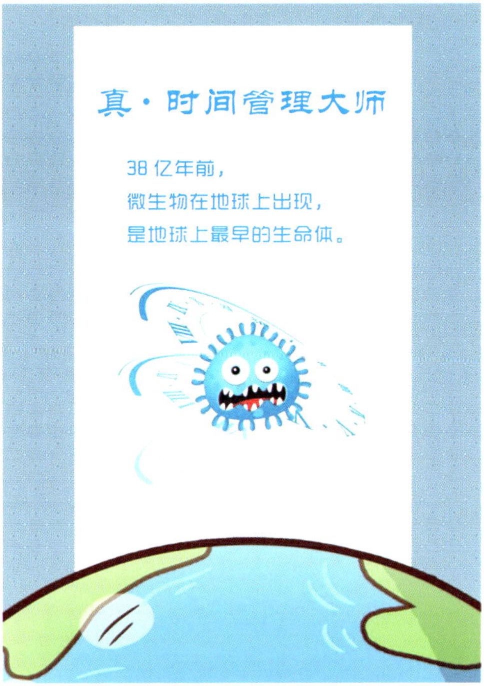

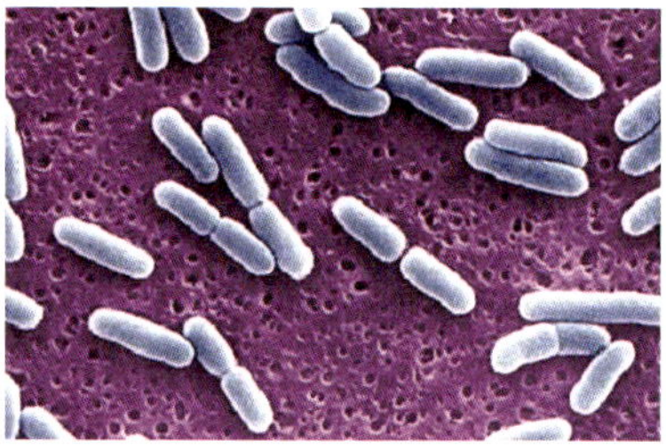
常见的微生物之一：大肠杆菌

很多人认为生命有生必有死，但对微生物来说，或许并非如此。就单个细菌细胞而言，在环境不友好的情况下，可能无法存活太久。对于细菌群体而言，它们在无性繁殖情况下，通常 1 个细胞可以变成 2 个，它们的寿命很难去研究。

有的菌生长快，有的菌生长慢，各有各的策略。比如人类肠道中的大肠杆菌，产生新一代的时间不到半小时，但在环境不好的时候，它可以休眠，不生长也不死亡，等到环境好的时候再重新苏醒过来。在动物界，乌龟是生长很慢的动物，微生物也有这样的例子。在深海中，有一些菌类 200 多天才生长一代，也许我们人类无法理解其生长速度，但对于地球演化来说，它的生长并不算慢。

人类生活伴侣：对不起，我只想做个好菌！

微生物是人类的生活伴侣，即使一个人、一株植物，也可以和微生物一起构成一个小的生态系统。人的拇指上大约有 10 万个细菌，而体重达 50kg 的人，体内体表至少有 1.5kg 菌群。最近的研究表明，一些皮肤过敏症状，就和我们体表的微生物有关。

如果一个人皮肤过敏了，也许多去野外或者干农活，让体表的微生物种类变多，就可以让过敏症状缓解或消失。因此，多去接触大自然，甚至玩玩泥巴，可以增加皮肤微生物的种类，有效预防一些皮肤过敏症状。

除此之外，我们肠道里的菌也在和人类相处的过程中形成了自己的生物钟，如果你的作息生物钟与微生物的生物钟不一致，它们就会捣乱，造成肠胃不适等症状。

其实，微生物在大部分情况下与人类是和谐共生的，很多人说起细菌，就避之不及，实际上，能致病的菌是极少的，而且致病与否和人类的免疫系统情况有关，如果免疫系统失衡，这些本来与人类和谐共处的菌类，也可能变成致病菌。所以，单纯地说细菌是好的，或是坏的，都是片面的。

环境分解小能手，高手过招，我一眼就能分辨谁是垃圾

从远古的冰川到沸腾的热泉，从阳光普照的大地到深邃黑暗的深海，从地表的土壤到 10km 深的地下，从矿藏到放射性废物……微生物无处不在。

它们除了广泛深入地影响整个地球生物圈和公共健康，以及药物、食品、地球物质循环、污水处理等之外，还是环境中生物残体分解的小能手。

残枝落叶变成沃土，动物入土化为无形，这些事件背后都有微生物的默默奉献，即微生物的降解作用。能降解各种有机物的微生物种类很多，包括各种真菌和细菌。在大环境中，这些微生物以合作分工的形式共同作用，将有机物彻底分解变成无机物。

其中真菌的降解能力最强，是地球上最大的分解

者。现实生活中，“秸秆还田”就是前人根据经验让土壤微生物降解有机物回归自然的过程，是保持土壤健康、培植肥力的重要举措。由此可见，微生物是各种营养物质循环的重要推动者。

极限挑战爱好者，上冰山，下热泉，乘风破浪，我没在怕的！

微生物虽然被称为“微生物”，但并不代表它们很弱小，在漫长的演化进程中，它们有些经历了风浪，成了“极限挑战爱好者”。

一些微生物能够在极端的环境中生存。我们人类的皮肤可以忍耐的温度大约是47℃；50℃以上的环境中，溶氧量、水分含量等就无法满足动植物的生命需求，但在沸腾的热泉中，有很多微生物能够正常生存。

这些就是极端微生物，包括嗜热、嗜冷、嗜酸、嗜碱、抗辐射等多种类型，它们可以适应多重极端环境。例如我们一直以为万物生长靠太阳，认为深海的黑暗世界是生命禁区。但最近几年的研究表明，深海生态系统中，不靠光合作用，由微生物利用化学能合成有机物的现象处处存在。

这些极端的微生物也是地球留给人类极其珍贵的生物资源。据了解，火星探测器的任务之一就是证明在火星上有无这类微生物存在。

看似微小的生命，有着超乎想象的智慧和生存技能，长久以来，我们与微生物共生共荣，理应以平等的角度与之相处。

人类是众多生命体中的一员，人类应该和其他生命体一起共存，而不是唯我独尊。微生物也是生态文明建设中的重要一环。人类研究微生物，了解微生物的作用，了解微生物和环境、动植物及人类的相互关系，就是为了做到趋利避害，合理利用微生物，从而更好地生活。

第九课 所有关于动物的疑惑，或许答案就在动物园

科普现场：武汉动物园

科普时间：2020 年 10 月 18 日

科普主讲人：杨毅，武汉动物园动物管理部门负责人、明星饲养员。

几乎每个人都去过动物园，
动物园是城市中野生动物生活的家园，
也是公众接触自然的窗口。
近年来，
我们常常说要重塑与野生动物的关系，
思考人类在自然界如何进退，
如何与其他物种打交道……
离得最近的答案，
或许就在身边的动物园里。

杨毅讲解动物园的趣事

武汉动物园动物管理部门负责人、明星饲养员杨毅称，动物园就是一个活的博物馆。这个活的博物馆，珍藏了哪些故事？听杨毅老师娓娓道来。

动物园发展史可追溯到公元前

人类的社会发展和进化，都离不开动物。

为什么这么说呢？在人类的进化过程中，衣食住行方方面面都与动物有关。在原始社会，人类捕食动物作为蛋白质的摄取来源；为了御寒，人类以动物的皮毛作为服装、住所的材料。到了农业社会，动物的作用得到转变，很多动物被人类驯化成家畜，例如牛、马等。

后来，随着社会不断发展，动物更多起到的则是观赏、狩猎、祭祀的作用。公元前 14 世纪（商周时期）的中国和公元前 4 世纪的埃及，动物园的雏形已经初现，被称为“囿”。

“囿”最早是指园林，主要表现形式为周以围墙，布置亭榭石木，间或饲养鸟兽的皇家园子，在人们把动物引进园子后，“囿”因此成为“灵囿”，意指“有灵气的园子”。这种情况下，人类在园子里饲养野生动物的局面初步形成，有了最早的动物园雏形。

中国古代引进动物比西方早 400 多年

除了中国，西方国家在 16—18 世纪，出现了动物收藏热潮。很多贵族以收藏各式各样的动物为爱好，这时期是世界各地引进动物、以动物作为交流载体的历史开端。

比如说，汉朝时期（西汉至东汉），中国国家疆域十分广阔，虽然常有战乱，但也不乏外国的动物来到中国。

唐朝和明朝，中外交流广泛，也是引进动物的鼎盛时期。唐朝时，本只有印度、波斯地区、西亚地区才有的狮子，出现在了长安城里。明朝有一幅名为《瑞应麒麟图》的画，就记载了第一只到达中国的长颈鹿的故事。

武汉动物园的长颈鹿

1414 年，郑和下西洋最远到达非洲东海岸地区，当时，他用青花瓷器、丝绸换来香料、象牙、钻石、珠宝以及当地的野生动物，其中就有长颈鹿。被引进的长颈鹿首先从非洲来到孟加拉国，然后，孟加拉国的使臣带着长颈鹿坐船到了广州，再从广州北上到达当时的都城金陵，也就是现在的南京。

高八九尺（1 尺≈0.333m），身上有斑块如龙鳞，有角，长着牛蹄的奇形动物一进入南京，就造成了万人空巷的围观热潮，当时皇帝认为这种动物是“麒麟神兽”的原型，因此长颈鹿的第一个中文名就是“麒麟”。

世界上第一座动物园是什么样的？

动物园的英文叫“zoo”，源自古希腊语，意为“有生命的”，后来演变为英文的一个专有名词。那么，世界上第一个真正意义上的动物园是什么样的？

这里不得不提到一个人，卡尔·哈根贝克。他是一位野生动物商人兼马戏团负责人的儿子，1866 年继承父业。19 世纪晚期，哈根贝克带着他收罗的野生动物在欧洲巡回展出，吸引了众多游客追捧。1907 年，他在德国汉堡附近创建了哈根贝克动物园，这是第一个使用无栅栏、有壕沟的场地来展示动物的动物园。

奥地利美泉宫动物园是世界上现存最古老的动物园（建于 1752 年），而世界上第一个对公众开放的动物园，则是伦敦动物园，共展示有 1000 多种动物。伦敦动物园位于伦敦西区的摄政王公园内，最初和其他科研型动物园一样，仅对会员及受邀访客开放。但后来随着从世界各地带回来养的动物越来越多，从 1847 年开始对普通公众敞开大门——最初只有周一到周六开放，后来干脆全年开放。

中国第一个现代动物园是 1907 年开放的北京动物园，其中的动物及专业技师大多来自德国。虽然亚洲动物园的发展相较于欧洲晚了近 100 年，但发展潜力巨大。

动物园生活，离不开丰容

经常逛动物园的人可能听说过一个词：丰容。它指动物笼

武汉动物园鸟瞰图

舍场馆等的丰富和增容，包括环境丰容、行为丰容和社群丰容，这些都是在基于尊重自然的前提下进行的。

环境丰容指丰富笼舍场馆的内容，为动物提供可以玩耍、栖息的环境。行为丰容指通过食物、气味等锻炼动物的本能，如将食物串起来，让龟伸长脖子吃食物，锻炼其脖子的活动能力，或者将一块木板循环使用，让它成为几种动物的玩具，锻炼它们的嗅觉。

还有给长颈鹿量身高、给大熊猫称体重等都可以称为丰容，就像人类需要通过各种活动提高生活水平，丰容也可以改善人工圈养条件下动物的生活环境和生活质量。

为长颈鹿做的行为丰容

如果你在武汉动物园看到长颈鹿伸长舌头在矿泉水桶中取食，看见小熊猫在竹制的容器内找水果，抑或看见金丝猴馆增添了许多攀爬架，这些都是很正常的现象。如果没有丰容工作，动物可能会出现刻板行为。

为小熊猫做的行为丰容

帮助动物展现自然行为，改善动物管理，增进游客对动物园动物的理解，增加动物日常生活的复杂性来保证动物生理和心理的健康，这就是丰容的意义，也是动物园进行科普、保育教育宣传的职责所在。

“一个好的动物园，标准没有上限”

动物园是收集、饲养各种动物，把一些野生或外来动物放于围栏之内，进行科学研究和迁地保护，供公众观赏并进行科学普及和宣传保护教育的场所。

对于公众来说，很多小朋友认识动物的第一站就是动物园，虽然动物园与我们离得很近，但怎样和动物相处，并不是所有人都知道的。

首先，在逛动物园的时候，大家需要注意禁止投喂动物！合格的动物园有能力提供营养合理的饲料供动物食用，游客投喂的食物很可能影响动物的身体健康。其次，不要拍打玻璃，很多动物听力比人类要好上百倍，敲打玻璃相当于在动物耳边放了一个鞭炮。最后，无论在动物园还是在野外，都应和动物保持适当的距离，不干扰、不伤害，就是最好的保护。

2019 年武汉动物园大熊猫馆进行改造

一个合格的动物园，首先场馆得好，动物种类得多，基础福利得齐全，动物在这里能得到很好的照顾。而一个好的动物园，它的标准，或许没有上限。

2019 年，武汉动物园开始改造，动物数量也将在原本 100 多种的基础上，再增加 100 种左右。在一定程度上，动物园还将打破传统的展出模式，原本按照单一性科属分类的动物分布，将重新按照地域性来进行归类。游客逛动物园时将能看到非洲区有狮子、猎豹、斑马在一起生活。而笼舍、场馆的改造设计会给游客耳目一新的沉浸式体验。

野生动物保护，不是某一个人或者是某个团体的事，而是我们全人类应该思考的命题。每一种动物生活在地球上都有它存在的意义，保护动物就是保护我们自己。

第十课

武汉建城史提前800年？这位教授颠覆了我的认知

科普现场：武汉规划展示馆

科普时间：2021年1月10日

科普主讲人：李长安，中国地质大学（武汉）地球科学学院地理系教授、首席传播专家。

我们生活的武汉被称为“英雄城市”，城市的起源可追溯到约 4400 年前，从岗地发展、依山发展、沿河发展到围湖发展，它经历多次地质环境演化和变迁，造就了这山水相依、欣欣向荣的景象。作为与这片土地共生共荣的“英雄儿女”，你了解它是如何形成和发展的吗？读懂武汉建城史，就是一节我们人人都该掌握的通识课。

从地质历史和人文变迁两个维度，李教授梳理了武汉城市的发展脉络，带领我们认识了一个全新的武汉。武汉的发展历程可归纳为岗地发展、岗地前缘发展、依山发展、沿河发展、围湖发展五大阶段。

李长安教授现场讲述武汉建城史

武汉最早的城，名叫张西垮（岗地发展阶段）

在大家的认知里，武汉最早的城址是距今约 3500 年的盘龙城遗址，但根据最新的考古发现，在盘龙城之前，武汉还有一座城，它没有盘龙城出名，但这座城是武汉真正的城市起源点。

张西垮古城部分出土文物资料图

早在五六千年以前的新石器时代，就有原始先民在现在的武汉地区劳作、繁衍生息了。张西垮城址就是武汉地区最早的城，也是江汉平原最东面的城，更是这片地区新石器时代最后的城址。从器物和地层堆积特征上分析，该古城诞生于新石器时代晚期，距今 4000 多年。

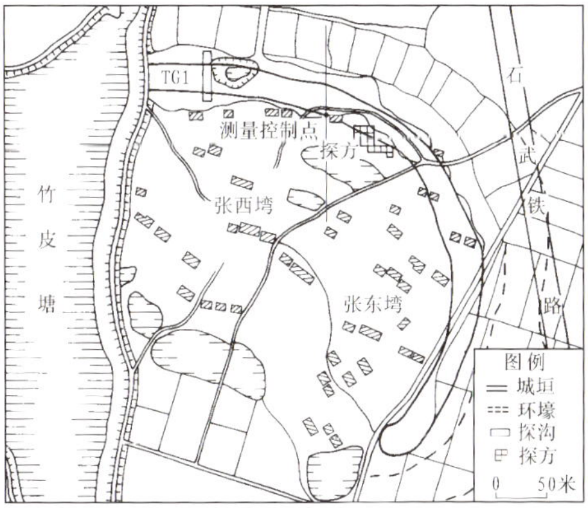

张西垮古城位置图

张西垮古城位于滠

水河东岸的波状岗地上，海拔 40m，具有城垣与环壕。现存城址南北长 295m，东西宽 335m，面积约 98000m²。

怎样判断一个城市的存在痕迹？可以看它是否具备城墙、壕沟等屏障。

张西湾古城具有明显的城垣和壕沟等人工痕迹，选择岗地中的岗梁筑城，修建于土质坚硬的低岗地区，滠水附近，也有一定规模的土地，这可使城池免遭洪涝灾害，反映了早期的先民对自然环境的依赖。

盘龙城：城市文明之根（岗地前缘发展阶段）

虽然盘龙城不是武汉最早的城址，但它对于我们来说，依旧是城市之根。

约 3500 年前，盘龙城作为武汉最早的城市文明出现在目前的武汉市黄陂区，是商文化南下长江中游的标志和长江流域早期城市文明的代表。

盘龙城遗址，还是长江流域已知布局

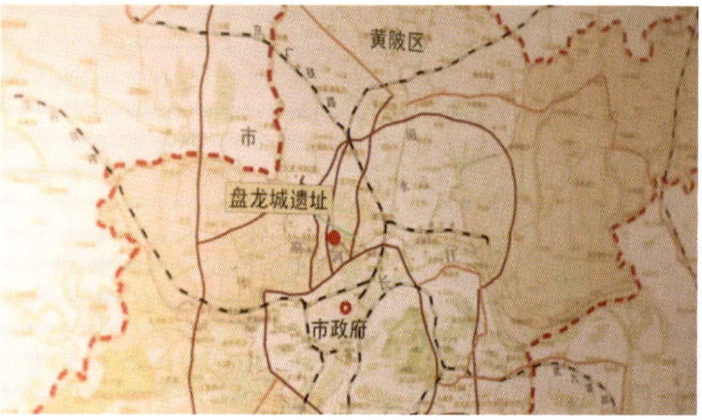

盘龙城遗址位置图

最清楚、遗迹最丰富的一处商代前期城址。商代盘龙城兴建的时期，处在一个干旱气候期，商代人选择在河湖平原的边缘，靠近长江的府河河岸高地上筑城，是为了适应这一气候环境，也反映了人类顺应自然的阶段。

张西塆在岗地筑城，而盘龙城建在府河北岸岗地的边缘区域，这两个城址的发现，说明武汉经历了两个重要的发展阶段：岗地发展阶段、岗地前缘发展阶段。

后来，随着经济的发展、人口的增多，小的耕种范围和河流已经无法满足人们的生活需求了，于是人们从岗地前缘向平原移进，开始了依山发展阶段，也就是武汉历史上著名的“双城对峙”时期。

武汉版“双城记”（依山发展阶段）

离开岗地，人们来到长江和汉水冲积物组成的平原——洪泛平原。这时候问题又来了，选择在洪水多发之地筑城，如何免受洪水侵袭呢？于是，人们开始寻找大河旁的高地作为居所。

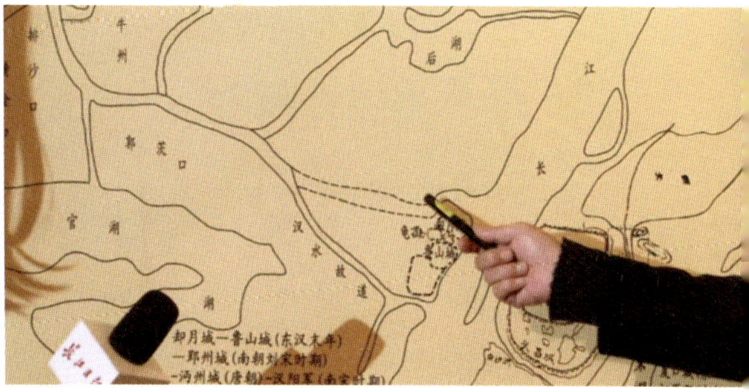

李长安教授介绍武汉发展历程

在武汉，最大的河非长

武汉历史上夏口城遗址模型

江莫属，而旁边的高地就属龟山和蛇山了。

东汉末年，人们在龟山和蛇山建造了却月城和夏口城，也就是现在的汉阳和武昌的初期城市形态，开启了武汉历史上的“双城记”。

这一时期，临江、依山是双城的共同特征。一方面军事上形成有利的军事要冲，另一方面又可抵御洪水，更有利于通商贸易，振兴当地经济。到了隋朝，武昌、汉阳双城对立分治格局的确立，复合型、多元化的城市形态逐步形成。

另外，这里不得不提到，当时的武昌城建造得非常宏伟。垂直长江的两条山脉地势较高，气候干燥，并且城市北面和南面临江，形成山水兴盛的地理格局，环境宜人。

成化年间，汉口初现（沿河发展阶段）

明朝成化初年，汉江流域洪水暴涨，迫使汉水的多条河流裁弯取直，龟山北面的支流成为主流汇入汉江，形成汉江河口。这就使得汉江船运可以直达汉口，航运贸易规模增大，从而汉口镇横空出世，一跃而起。

引发河流重组，多流归一，就是“成化之变”的实质，而并非“河流改道”。

汉口出现还有另一个重要的原因。虽然当时人们在长江边依山建立了两座城，但这两座城的空间范围还不足以满足城市的发展需求，人们为了找到更广阔的区域，于是从高山走向了平原内部区域。

离开山之后，人们又把目光瞄准了河流两侧的堤坝，这是仅次于山体的高地。于是，围绕堤坝进行的大规模城镇建设开始了。对于汉口来说，两堤一堡（袁公堤、张公堤和汉口堡）的修建，是它崛起成为大都市的关键工程。

李长安教授讲解汉口开始沿堤发展

明崇祯八年（1635年），汉阳通判袁焻主持修筑了汉口的第一道长堤，后来人们叫它“袁公堤”。这条长堤的成功修建，保得汉口一方平安，水患大减，居民人数激增，汉口的发展一下子就进入到一个全新的阶段。

光绪三十年（1904 年），时任湖广总督的张之洞，为解决汉口的水患问题，修建了后人称之为“张公堤”的堤坝。张之洞对张公堤的规划是十分超前的，它西起舵落口，东至堤角，全长 23km，使汉口市区面积一下由 $5.3km^2$ 扩大到 $116.6km^2$，市区面积扩大了 21 倍。

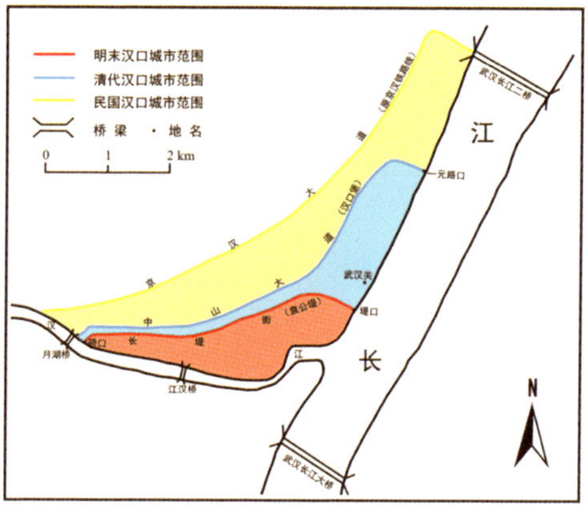

袁公堤和汉口堡地形示意图

同时张公堤还切断了汉口市区内外水系的联系，低洼之地逐渐变成陆地良田，城市陆地面积得以大规模扩张。

至此，汉口的发展真正从沿河发展走向堤内，为大汉口的形成提供了物质空间，三镇鼎立局面也初步形成。

沿堤发展（资料图）

三镇走向一体化（围湖发展阶段）

20 世纪初叶的 10 年间，汉口成为中国第二大对外通商口岸，第二大金融中心和工商业都会。从此，“东方芝加哥”名扬四海。

1911 年 10 月 10 日，辛亥革命爆发；1912 年成立“中华民国”。

1927 年 1 月 1 日起，国民政府开始在汉口办公，外交部、财政部、交通部、司法部四部开始行使职权，将武昌、汉口和汉阳三镇合组为京兆区，定名“武汉”，成为“中华民国”的临时首都。武汉三镇开始走向一体化发展阶段。

新中国成立以后，为了满足城市的进一步发展，武汉开始以开发平原区和围湖发展为主。20 世纪五六十年代，武汉修建东西湖大堤、府河大堤等，形成一个个巨大的城市“围院”，将湖泊围起来进行陆地改造，这就是“围湖发展”的典型案例。

武汉 4000 多年建城史，也是一部人与自然相处史。

武汉市的发展历程实际上也是人地关系演化的历史。早期社会生产力还不发达，人们只能顺应自然、依赖自然环境生活，例如岗地发展阶段、依山发展阶段；后来，随着经济的发展，修建两堤、汉口开埠……人们从小河走向大江大河，对自然进行了越来越大规模的改造。

从人地关系的相处来看，过去，我们将水视为可利用的资源，当作交通、经济发展的载体；未来，我们应该让水发挥它本身的环境效应，而不仅仅作为资源使用。保护湖泊，加强湖泊的自然状态，让湖泊之间重新联通……建设美丽武汉、生态武汉，才是人与自然和谐相处的表现。

第十一课

什么时候能吃到没刺的鱼？院士的回复来了

科普现场：武汉解放公园桂建芳院士自然科普工作室

科普时间：2021 年 4 月 22 日

科普主讲人：桂建芳，中国科学院院士、发展中国家科学院院士、鱼类遗传育种学家。

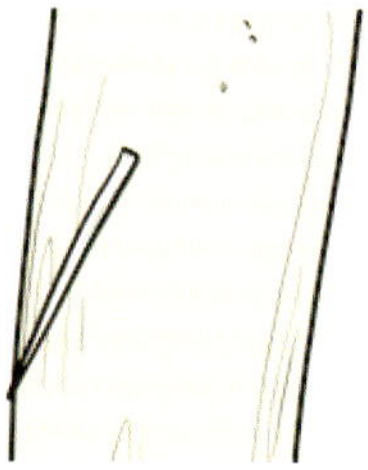

你想象的样子

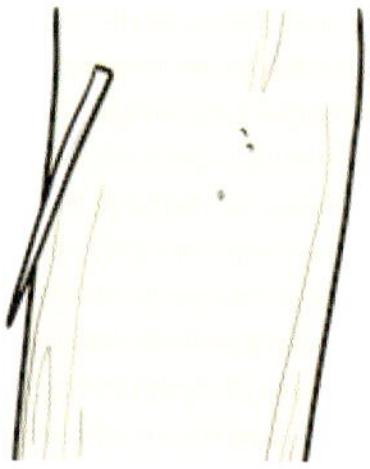

实际可能的样子

最近有一条关于鱼刺的科普上了热搜。当一根鱼刺卡喉，你想象的样子和实际可能的样子也许并不一样。

热搜这组令人“喉咙发疼”的图，除了让广大吃货们了解鱼刺卡喉的正确处理方式——咽馒头、喝醋等老土方靠不住，最安全有效的方法是立即就医——还发出了灵魂拷问：什么时候才能吃到没有刺的鱼？

4月22日世界地球日，在自然通识课的现场，中国科学院院士、发展中国家科学院院士、鱼类遗传育种学家桂建芳，认真回答了大家关心的精彩问题。

自然通识课桂建芳院士主讲

鲫鱼变成金鱼，是颜控的胜利？“四大家鱼”天团为何没有鲫鱼？……

Q1：鲫鱼好吃，但鱼刺不好挑，特别是小刺，鱼刺的作用到底是什么？有没有少刺的鲫鱼品种呢？

答：吃鱼是一门学问，人类也在不断总结。吃鱼容易被卡的刺，主要是肌间刺，鲫鱼的肌间刺非常多。淡水鱼，特别是溪流里的鱼，都有这个特点，肌间刺有助于淡水鱼在狭小的空间游泳运动，对鱼本身有一定作用。

孩子们围住桂建芳院士要签名

少肌间刺或无肌间刺的鲫鱼，是给科学家提出的安全吃鱼的需求。鱼类育种学家在想，能不能通过遗传手段把刺变少，这也是科学家在研究的一个问题。现在有基因剪接技术，科学家也在努力寻找决定肌间刺生长的关键基因，看能不能把这个基因敲除又不影响鱼类正常生长，这是科学家们科研努力的方向和目标之一。

Q2：野生鲫鱼和家养鲫鱼有什么区别？

答：野生鲫鱼通常比较小，大多在100~150g，养殖鲫鱼则可以很快长到500~1000g。如果是100g左右的小鲫鱼，肌间刺密度很大，一口咬下去都是刺，而500~1000g的大鲫鱼，肌间刺的密度就小很多，而且刺通常长得比较大，肉眼相对容易看到，也是解决吃鱼卡刺的一种方法。

过去，经常炒作野生鱼比家养鱼好吃，其实从营养和健康角度，养殖鱼更安全健康，因为野生鱼不知道是不是吃了什么有害物质，不知道它生活的水体环境如何，而养殖水体和饲料都有国家严格监管。

吃野味要冒着生命危险，不值得。

Q3：“过江之鲫”典故里，为什么是鲫鱼？

答：这和鲫鱼的习性有关，鲫鱼是成群地一起游动的。这个典故说的是东晋王朝在江南建立后，名士们也跟着一起把家迁到江南，说过江名士跟鲫鱼一样多，多形容跟风、赶时髦的人很多。给鲫鱼赋予了些许奉承性意味。

Q4：金鱼是鲫鱼变的，这是怎样做到的？

答：这需要内因和外因共同作用。内因是鲫鱼基因突变，最早在野外，有鲫鱼显示颜色的基因变红。外因是老百姓很喜欢，开始人工选育。经过千百年的选育，形成了千姿百态、300多个品种的金鱼。这是遗传上很经典的例子，也是颜控的胜利。

Q5：我爸爸喜欢钓鱼，还经常钓到鲫鱼，这对鲫鱼物种有影响吗？

答：如果在资源有限的情况下，那当然是钓一条就少一条。

桂建芳院士正在授课

但1条鱼1年可以产下数万枚鱼卵，在池塘或合法垂钓区钓鱼，对鲫鱼的种群不会产生很大影响，不用太担心。不过，2021年1月1日起开始实施长江十年禁渔，原因主要是江面长期、过度的捕捞行为，对物种和生态造成了严重破坏，所以我们要禁渔保护长江。

Q6：转发锦鲤有用吗？

答：锦鲤这么火，大家不是喜欢锦鲤本身，而是借此互致问候。中国人欣赏锦鲤和金鱼的传统很悠久，吃鱼、养鱼、赏鱼，孔子给儿子取名字叫“孔鲤”。现在年轻人流行转发锦鲤，或者把一些成功人士叫作“锦鲤”，是对传统鱼文化和渔文化的传承，是对美好生活的向往。

为解决吃鱼难的问题，桂建芳院士让喜头鱼游向全国

鲫鱼手绘图

武汉人爱吃的喜头鱼，就是鲫鱼。

以前，老百姓的工资只有几十元的时候，大喜头鱼卖到每千克十五六元，只有逢年过节或特殊日子，才舍得买上一条鱼。而今天，工资已经涨了近百倍，喜头鱼的价格却没有多大变化，几乎每个家庭都消费得起，并且体大肉肥。

这背后，其实是科学家在推动餐桌变化。

1985 年，29 岁的桂建芳开始专注研究一种叫作“银鲫”的鲫鱼，在全国大江、大河、大湖的 50 多个样点调研，取样四五千条鲫鱼，用分子标记进行遗传评价。

其中，桂建芳选育的鲫鱼新品种——异育银鲫“中科 3 号”自 2008 年亮相后便从武汉游出，10 余年间，在全国主要鱼产区的占有率已达七成以上。也就是说，如今市面上个大、肉肥、味美的养殖鲫鱼，约 70% 是他研究出来的品种。

桂建芳 2013 年当选为中国科学院院士，2015 年又当选为发展中国家科学院（TWAS）院士。他是业内公认的鱼类细胞工程学术带头人，在鱼类遗传育种领域享有崇高的地位。

2013 年，桂建芳当选中国科学院院士

桂建芳主要成就：

1988 年获首届中国青年科技奖；
1989 年获中国科学院青年科学家奖二等奖；
1990 年获评湖北省青年科技精英；
1994 年获首届国家杰出青年科学基金资助；
1995 年获中国科学院青年科学家奖一等奖；
1996 年获中国香港求是科技基金会“求是杰出青年学者奖”；
1997 年入选国家百千万人才工程；
1998 年被中国科学院评为“有突出贡献的中青年专家”；
1998 年和 2004 年获中国科学院优秀研究生导师；
2002 年获评湖北省优秀科技工作者；
2004 年获评湖北省劳动模范；
2004 年获评科技部国家重点实验室计划先进个人；
2009 年获全国五一劳动奖章；
2011 年获科技部“十一五”国家科技计划执行突出贡献奖；
2013 年获评中国科学院院士；
2015 年获评全国先进工作者；
2015 年何梁何利基金科学与技术进步奖；
2015 年获湖北省科学技术突出贡献奖；
2017 年获评武汉大学杰出校友。

水调歌头 · 水经新注

桂建芳

既饮健康水，又食改良鱼。
江河湖海苍茫，踏浪好心舒。
不管豚鱼虾蟹，无论草虫菌藻，
何者是多余？
再写新水经，范蠡亦渔夫！

添植被，铺湿地，展蓝图。
六湖一脉环绕，碧水还通途。
破解生殖奥秘，揭示病疫玄妙，
渔业护平湖。
传世西施在？应叹水光殊！

这首词为桂建芳所作。写诗词是他的爱好，字里行间镌刻的都是他几十年的科学研究和人生感悟。

2018 年，桂建芳团队又培育出高产异育银鲫新品种“中科 5 号”，目前正逐步向全国养殖区域推广应用。

除了鲫鱼，桂建芳还在培育黄颡鱼新品种上功不可没。

黄颡鱼俗称黄骨鱼，是我国本土优质食用鱼，但雌鱼和雄鱼生长速度不一，产量一直受制约，雄鱼两年可以长到 150~200g，雌鱼仅能长到 75~100g。

异育银鲫“中科3号”

于2008年获得全国水产原种和良种审定委员会颁发的水产新品种证书。与已推广养殖的高体型异育银鲫相比，异育银鲫“中科3号”遗传性状稳定；体色银黑，鳞片紧密，不易脱鳞；生长速度快，比高背鲫生长快13.7%～34.4%，出肉率高6%以上；由寄生于肝脏造成肝囊肿死亡的碘泡虫导致的碘泡虫病发病率低。

异育银鲫“中科3号”适宜在全国范围内的各种可控水体内养殖。目前，异育银鲫“中科3号”已在江苏、湖北、广东和广西等地建立良种扩繁和苗种生产基地，其苗种已在多个省市推广养殖，受到当地养殖者的喜爱和欢迎，取得了重要的社会效益和经济效益。异育银鲫“中科3号”普遍推广后，其年增产值可超10亿元。

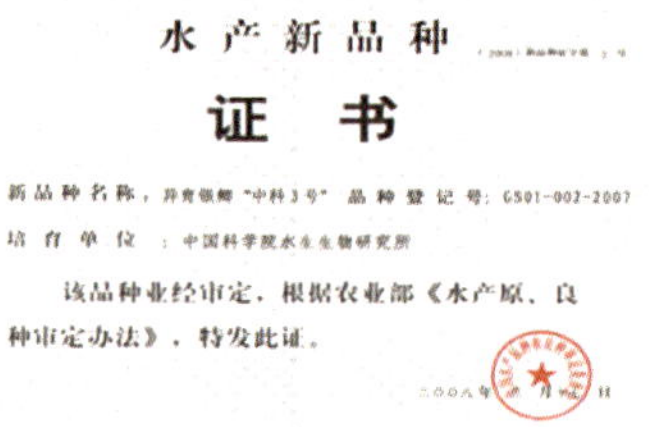

水产新品种

证　书

新品种名称：异育银鲫“中科3号”　品种登记号：GS01-002-2007

培育单位：中国科学院水生生物研究所

该品种业经审定，根据农业部《水产原、良种审定办法》，特发此证。

二〇〇八年　月　日

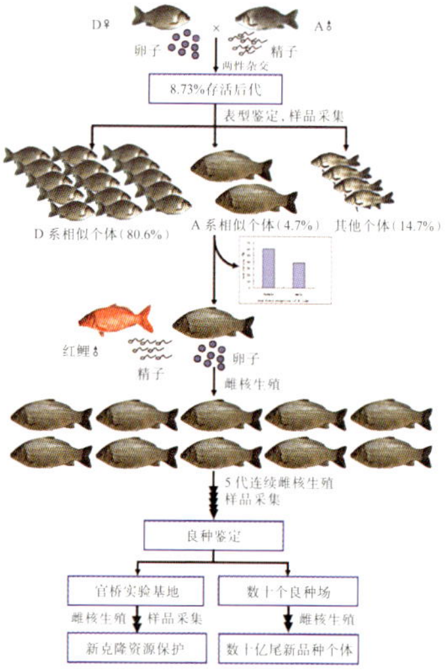

异育银鲫“中科3号”培育方式示意图。利用银鲫多重生殖方式，通过不同克隆系间的正反交，创制出仍具有单性雌核生殖能力的新克隆系A+。

2011年，桂建芳协助培育的“全雄1号”黄颡鱼成功，能保证养殖的黄颡鱼全是个大肉多的雄鱼，极大提高了产量，被大规模应用。

自然通识课现场，桂建芳院士介绍异育银鲫“中科 3 号”和“中科 5 号”

黄颡鱼的雌鱼（左）和雄鱼（右）个体差异很大

黄颡鱼手绘图

生长在“鱼米之乡”，从事鱼类育种研究，桂院士已完成踏上科学道路最初的梦想——通过自己的研究，让更多中国人吃得上、吃得起鲜美的鱼。

关于吃鱼这件事，中国已经持续 8000 多年了

在中国传统农耕社会 4 个比较重要的产业中渔业排首位，可见其重要性。中国人捕鱼、养鱼的历史，可能比你想象的还要悠久。

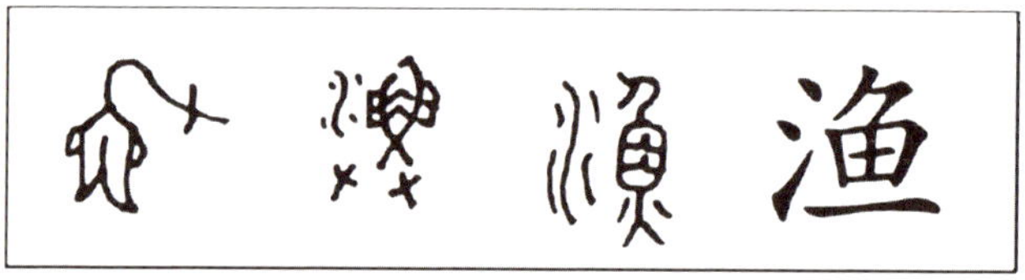

“渔”字的衍变历程

据记载，河南新石器时代早期贾湖遗址中遗存的鲤咽齿多数具有养殖特征，确证中国养殖鲤鱼的历史可追溯到 8000 多年前。而殷墟出土的约 3200 年前的甲骨文上写有“贞其雨，在圃渔”和“在圃渔，十一月”，为古人捕鱼劳作提供了文字证明。

中国人纵横江湖 8000 多年，因鱼而火出圈的人物，你知道有哪些吗？

中国古代因钓鱼“出圈”的人

第一位是古帝舜。舜出巡时为了获得食物经常钓鱼，是最初以果腹为目的的垂钓者。

第二位是周穆王姬满，他垂钓于黄河，享寿 105 岁，在位 55 年。

第三位是姜太公，“姜太公钓鱼——愿者上钩”的歇后语几乎家喻户晓。他在 72 岁时垂钓于渭水之滨，遇到了求贤若渴的周文王，留下一段明君贤臣的千古佳话。

中国古代最有名的养鱼人

第一位是范蠡，他献策辅助越王勾践复国后，隐于民间经商养鱼，在约 2500 年前就写下《鱼经》。唐朝诗人高適赞范蠡：“天地庄生马，江湖范蠡舟。逍遥堪自乐，浩荡信无忧。”

第二位是明代学者黄省曾，他在约 500 年前写下《种鱼经》。

桂建芳院士自然通识课之后与孩子们合影

那么问题又来了，武汉人爱吃的鲫鱼是怎样被叫成喜头鱼的？

桂院士说，流传最广的一个说法是：在旧社会，老百姓认识的字很少，卖鱼的小贩不会写“鲫”字，就写成“吉鱼”，可是，买鱼的老百姓有的也不认识“吉”字，但看出来它是办喜事时墙上贴的“喜”字上半截，就管它叫“喜头”。久而久之，鲫鱼就得了个吉祥的俗名——喜头鱼。

第十二课

武汉这项数据排名全球前三！还能追溯至4000年前

科普现场：武汉解放公园桂建芳院士自然科普工作室

科普时间：2021年6月6日

科普主讲人：顾延生，中国地质大学（武汉）环境学院教授、博士生导师，生物地质与环境地质国家重点实验室固定研究员，湿地演化与生态恢复湖北省重点实验室副主任。

楚有章华台，遥遥云梦泽。
诗词歌赋、文学作品、热门影视
都爱提的云梦泽，
它和今天的人还有关吗？
两江穿城，百湖星罗。
眼下，武汉正在积极创建国际湿地城市、
国家生态园林城市。
但有学者说，
武汉优势显著，
更有实力建成定位更高的“世界湿地之都”。
或生活于江城，或相聚在武汉，
作为“江湖儿女”，
这是你应该知道的云梦泽和大武汉！

顾延生教授授课现场

第十二课 武汉这项数据排名全球前三！还能追溯至4000年前

中国地质大学（武汉）环境学院教授、博士生导师，生物地质与环境地质国家重点实验室固定研究员，湿地演化与生态恢复湖北省重点实验室副主任顾延生分享了他和团队多年研究的成果，并解答公众关于湿地的一系列疑问，对于这个跨越历史时空的话题，你有同款疑惑吗？

研究4000年前的云梦泽有何用？（我们从哪里来？）

古云梦泽的形成演化是一个跨越历史时空的话题，不仅涉及自然沉积环境的演化，还与江汉平原古人类活动、古文化演化都有很密切的关系。还原古云梦泽的面貌，可以对当时历史人文地理和生态环境演化形成全面认识，对我们当今进行生态文明建设具有重要的参考作用。

武汉为何要建设“世界湿地之都”？（我们到哪里去？）

武汉因水而兴，有重要的湿地生态资源，在生态文明和长江大保护背景下，这是提高城市综合实力的路径之一。

府河湿地

小细胞化石揭开大秘密，4000 年前就有云梦泽了

顾延生曾主持国家自然科学基金项目“古云梦泽形成演化研究”。2016 年起，他带领团队在江汉湖群布下多个钻孔，将地下的湖泊沉积物钻取出来，穿越时空的密码，就藏在沉积物之中的植物硅酸体化石里。

这种直径仅几十微米的化石，藏在植物细胞化石里，只有在专业显微镜下才能艰难分辨。

顾延生团队研究发现，硅元素参与了植物的蒸腾作用，对温度和湿度都极其敏感，这些微小的植物硅酸体化石，正是千百年前最忠实的气候、水文记录员。

经过复杂的测算、分析，以及与今天植物体内的硅元素反应温度、湿度的情况进行比对，能了解古时候的气候和水文状况，进而获得了古云梦泽形成演化的证据。

根据顾延生的研究，江汉平原为典型的洪泛冲积平原，低洼的地形地貌提供了物理空间，随后出现的 3 个阶段的暖湿气候则带来了丰富的水资源，

顾延生团队在大九湖泥炭湿地开展野外调查与采样

古云梦泽沉积野外调查取证

古云梦泽沉积钻孔岩性

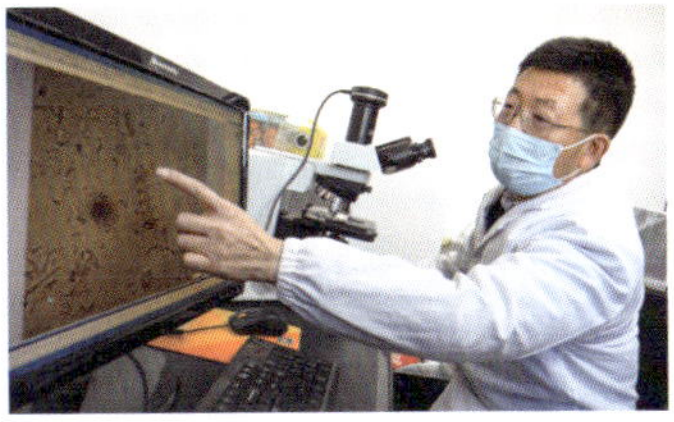

在显微镜下辨别沉积物

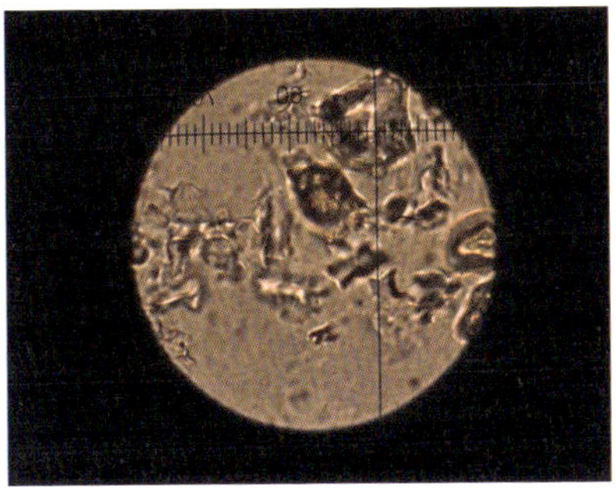

显微镜下的植物细胞化石

古云梦泽地区出土的古代文物

大约 4000 年前，古云梦泽开始发育形成，随之伴生的，还有古文化的演化。

探源中华文明起源的路径众多，古云梦泽不只是夏商文化南下长江后的盘龙城文化的发源地，也是屈家岭文化、楚文化的发源地。

西周灭商之后，熊氏受周天子之封在楚地建国，江汉平原地区特有的楚文化，在大约 2700 年前形成。

“楚文化中有许多与水有关的文化崇拜。”顾延生认为，诞生于云梦泽畔的楚文化，之所以跟北方文化表现出极大的不同，正是因为水赋予了其独特个性。

“如果没有水和云梦泽，楚文化和其他文化相比，不会有如此鲜明的地域特色。生态兴则文明兴，人与自然是休戚与共的命运共同体，这一直是历史文明演化告诉人们的答案。”

不同历史时期的古云梦泽

夏商时期的古云梦泽

距今4000~3000年，荆江以漫流的形式流淌于古云梦泽地区，河床形态不明显。

荆江分支河道水沙首先在荆州以东淤积，形成荆江三角洲的雏形。

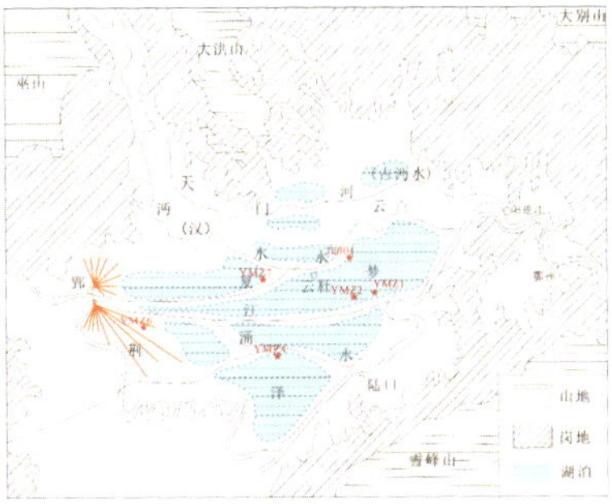

周、秦、汉时期的古云梦泽

距今3000~1800年，漫流的荆江在荆州以东的荆江三角洲通过夏水和涌水向古云梦泽分流分沙。荆江三角洲不断向东、向南推进，古云梦泽主体不断萎缩。

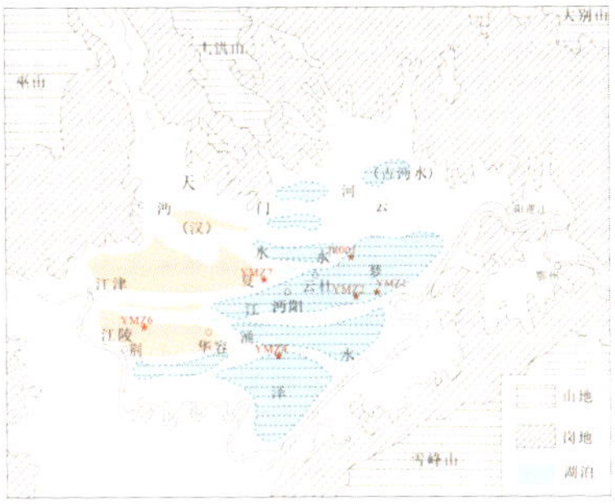

《史记·河渠书》里载楚国“通渠汉水、云梦之野”。《三国志·武帝纪》注引《山阳公载记》载，曹操“引军从

华容道步归，遇泥泞，道不通”。王粲《英雄记》里作“至云梦大泽，遇大雾，迷道”。

古云梦泽位置图

魏晋南北朝时期的古云梦泽

距今 1800~1400 年，江汉地区的新构造运动让地势有自北向南倾斜抬升的趋势，荆江分流分沙也有逐渐南移的趋势；荆江三角洲向东延伸的同时，迅速向南扩展。石首境内的下荆江河段，开始摆脱湖沼区的漫流状态，塑造自身的河床。涌水源头逐渐枯竭并被夏水取代。

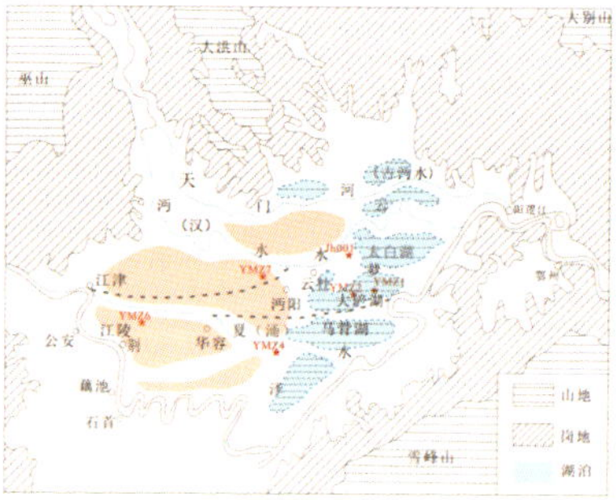

唐宋时期的古云梦泽

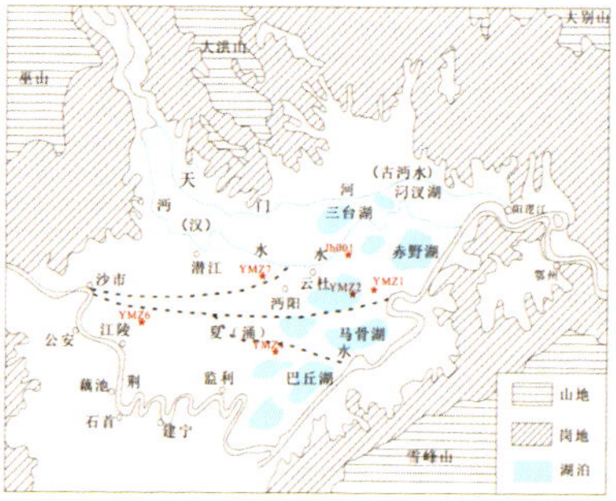

距今 1400~800 年，荆江河床塑造完成。随着防洪大坝的修筑，来水来沙减少，原已浅平的古云梦泽主体基本上已被填淤成陆，大面积的湖泊水

体被星罗棋布的湖沼代替。加上人口增长，围湖造田等渐盛。唐宋以后，古云梦泽逐步消失。

明清时期的江汉湖群——围湖造田与“千湖之省”模式开启

江汉湖群稳定格局的形成主要是受到围湖造田的影响，荆江大堤的修筑限制了河道泛滥和河道变迁。由于围湖造田，大湖被分解为若干小湖，河间洼地、岗地边缘洼地新出现蓄水湖泊，共同塑造了“千湖之省”的壮丽景观。

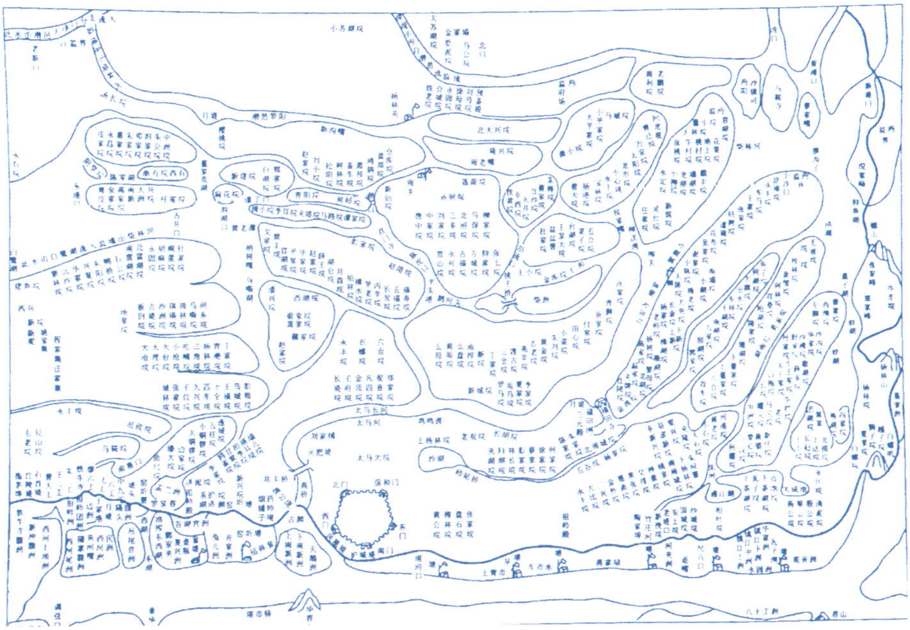

人类活动的痕迹，湿地里埋藏着“档案”

古云梦泽形成演化的历史显示，“地质构造提供了空间，历史气候创造了条件，但人类活动决定了其未来”！

湿地沉积物里，埋藏着从古至今的人类活动痕迹“档案”。

商朝起，人们开始冶炼铜矿。研究人员在江汉平原和神农架大九湖的钻孔沉积物中发现铜元素的含量在商朝时期快速增加，还发现了丰富的水稻植物硅酸体化石，证实此时古人已开始对河湖洲滩进行垦殖生产。

西汉为古云梦泽由盛转衰的时期，这是因为西汉以来人口数量增长，人们对古云梦泽进行农田开垦和农业区的扩张。

其后，随着人类活动的急剧增长，古云梦泽最终演化为现代支离破碎的江汉湖群，湖北“千湖之省”和武汉“百湖之市”的地理形态由此形成。

到了近代，伴随工业革命带来的生产力和工商业的发展，武汉城市化进程加速，人类活动对湿地环境的影响更加显著。

张之洞坐镇武汉任湖广总督时，大力推进洋务运动，武汉一跃成为中国近代重要工业城市和商埠，有着“东方芝加哥”的美称。东湖沉积物中也发现，自洋务运动以来，湿地沉积物中记录的重金属污染明显加剧。

曾经，人们在追求经济发展的道路上忽视了生态，这湿地

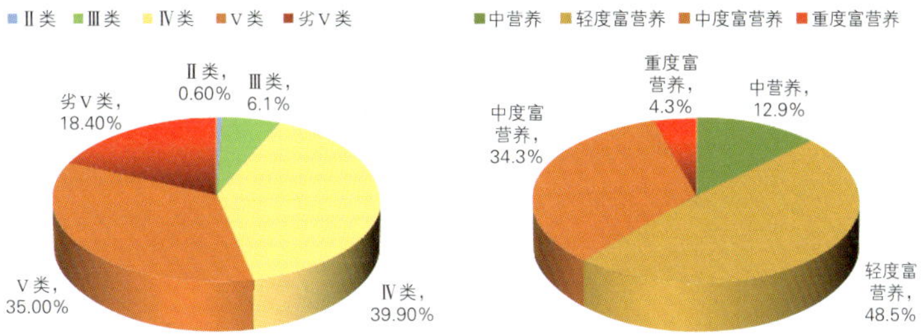

2019年湖泊水质类别和营养状态比例图

图源：2019年武汉市生态环境状况公报

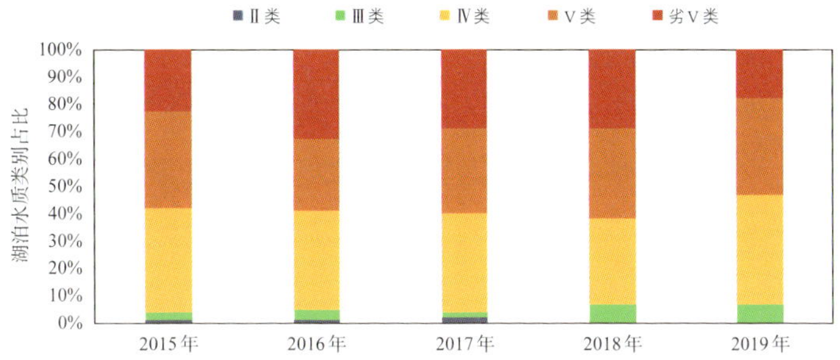

近五年武汉市湖泊水质类别比例变化图

图源：2019年武汉市生态环境状况公报

金银湖国家城市湿地公园进行水生态治理，对湖底清淤，撒石灰消毒后，种植沉水植物

近年来武汉湖泊环境状况资料

沉积物里也有记录。不仅仅是富营养化、重金属污染，水体里还发现了雌酮、雌二醇等内分泌干扰物污染，影响湖泊生物乃至人体的生殖系统、神经系统和免疫系统等，扰乱湿地生态系统，破坏生物多样性，最终威胁到人们自身的生存与发展。

创建国际湿地城市，武汉湿地资源居全球内陆城市前三，综合科研实力居全球第十三

痛定思痛，2003 年是武汉湿地保护的一个转折点。这一年起，武汉先后出台了《武汉市湖泊保护条例》《武汉市湿地自然

东湖风景区

保护区条例》《武汉市水资源保护条例》《武汉市基本生态控制线管理条例》《武汉市湿地保护修复制度实施方案》等一系列保护措施，武汉地区湿地面积整体趋于稳定。

顾延生团队的统计数据表明，2003 年之后武汉的湖泊面积和生态指标趋于稳定，略有回升，且武汉地区生产总值仍保持高速增长，经济腾飞与湿地保护实现了双赢。

从历史地理的角度认识武汉，这座伴水而生、因水而兴的城市在究天人之际、通古今之变之后，在生态文明建设和长江大保护的时代背景下，顾延生等学者也认真思考着武汉的未来发展。

2018 年开始，他参与了中国工程院和武汉市科学技术协会的重点项目，通过项目研究，于 2020 年 7 月向武汉市委、市政

一度在武汉绝迹的国家一级重点保护动物黑鹳连续 7 年来到天兴洲

武汉市民亲水休闲

府提议创建“世界湿地之都”。

眼下，武汉正在积极创建国际湿地城市。由《湿地公约》缔约方组织认定的这一称号，目前标志着一个城市对湿地生态保护的最高成就。而“世界湿地之都”则是由武汉学者率先提出的新概念，全球还没有一个城市拥有这个称号。

顾延生解释，“世界湿地之都”在文化、理念、科技、管理、政策等方面都定位更高：“‘国际湿地城市’全球已经有十几个，但能够被冠以‘世界湿地之都’的，一定要在全球范围起到领头羊和示范作用。”

武汉应该有这个底气。研究表明，武汉的湿地资源居全球内陆城市前三，综合科研实力居全球第十三，尤其关于湿地保护的科研力量处于国内领先水平。武汉应该发挥这些优势。

但顾延生同时也指出，先天条件优厚的武汉，目前对比全球宜居城市的标准还有一定距离，一定要在方方面面重视生态，这需要每个人的力量，切实推进湿地全民爱护行动。

第十三课 长江十年禁渔之后还有鱼可吃吗？

科普现场：武汉解放公园桂建芳院士自然科普工作室

科普时间：2021 年 6 月 27 日

科普主讲人：张先锋，中国科学院水生生物研究所研究员、博士生导师，中国科学院水生生物博物馆前馆长，中国科学院武汉科学家科普团团长。

江豚

长江十年禁渔实施后还有鱼吃吗？白鲟灭绝，白鱀豚功能性灭绝……长江里的动物怎么了？养育着6.5亿中国人的“母亲河”长江又发生了什么？

中国科学院水生生物研究所研究员、博士生导师，中国科学院水生生物博物馆前馆长，中国科学院武汉科学家科普团团长张先锋，以《长江十年禁渔——拯救的不仅是鱼》为题，向公众解析了这些问题。

张先锋介绍丰富多彩的长江水下世界

这些鱼成了“传说”

“千斤腊子万斤象”，这曾是长江渔民的一句俗语。“腊子”说的是中华鲟，它的最大个体体重能达 680kg；“象”说的是白鲟，最大个体体长达 7m、体重达 908kg。这句俗语虽略显夸张，却也真实反映出长江鱼类曾经的富足状态。

全长约 6300km 的长江，是世界第三长河，养育着约 6.5 亿人。调查显示，长江不仅是流域内人类的“母亲河”，也是许多其他物种的“母亲河”。根据目前的研究，长江水下生活有水生生物 4500 余种，其中，已知的长江流域鱼类达 416 种……

但这些鱼的生存现状并不理想。

白鲟

中华鲟

长江鲟

（全部为国家一级保护动物）

长江里的鱼，不少比人大

第十三课

长江十年禁渔之后还有鱼可吃吗？

收藏在中国科学院水生生物博物馆的白鲟标本，这头白鲟体长约 3m

“万斤象”白鲟曾是国家一级保护动物，在地球存活了约 1.5 亿年，是中生代白垩纪残存下来的极少数古代鱼类之一，也是世界上最大的淡水鱼之一，还是中国特有物种。但 2019 年底，白鲟被宣布灭绝。

“千斤腊子”中华鲟也危在旦夕。张先锋介绍：“2003 年以后，野外中华鲟产卵时间明显推迟，2017 年至 2020 年，科学家已经连续 4 年没有监测到中华鲟的野外繁殖。”

鲥鱼、长颌鲚（刀鱼）、暗纹东方鲀（河豚）曾被并称为“长江三鲜”。但张先锋很遗憾地说：“学习研究水产 40 余年，我从没见过活体鲥鱼，它已经功能性灭绝了。”

就连“四大家鱼”青、草、鲢、鳙的野外繁殖也减少了

Contents lists available at ScienceDirect

Science of the Total Environment

journal homepage: www.elsevier.com/locate/scitotenv

ELSEVIER

Short communication

Extinction of one of the world's largest freshwater fishes: Lessons for conserving the endangered Yangtze fauna

Hui Zhang [a,*], Ivan Jarić [b,c], David L. Roberts [d], Yongfeng He [a,*], Hao Du [a], Jinming Wu [a], Chengyou Wang [a], Qiwei Wei [a,*]

世界上最大的淡水鱼之一灭绝

HIGHLIGHTS

- The giant Chinese paddlefish (up to 7 m in length) was found to be extinct.
- The timing of extinction was estimated to be by 2005–2010.
- The paddlefish became functionally extinct by 1993, prior to extinction
- Conservation efforts on endangered Yangtze fishes are urgently needed.

GRAPHICAL ABSTRACT

2019 年底，中国科学家在国际学术期刊《整体环境科学》上发表研究论文，宣告白鲟灭绝

中华鲟（张先锋　摄）

97%~98%。尽管“四大家鱼”的人工养殖已经非常成功，为了保障基因优良性，人工繁殖的物种仍不可避免地需要从野外引种。这意味着，一个物种的人工繁殖再成熟，也需要保护野外种群。

要把“长江微笑”留住?

除了鱼，长江里还有两种鲸类，它们是跟人更接近的哺乳动物。

有“长江女神”之称的白鳖豚，早在2007年就被宣布功能性灭绝——种群数量减少到无法维持繁衍的状态，在生态链中不再具备功能。虽尚未确认是否存在最后个体，但灭绝命运已不可避免。

研究了20多年白鳖豚的张先锋，讲述起这段往事，抑制不住地遗憾和动情：“我现在，经常做梦见到白鳖豚。”

白鳖豚“淇淇”（张先锋 摄）

长江江豚因

长江江豚（张先锋 摄）

为嘴角弧度上扬，被赠予“长江微笑”的美誉。在 2021 年调整后的《国家重点保护野生动物名录》里，长江江豚升级为“国家一级保护动物”。这两年，长江江豚成了网红物种，它们跃出江面嬉戏的场景不时被抓拍，登上热搜。

张先锋同样为研究和保护长江江豚奔走多年，他分享，在长江大保护的号召下，长江江豚种群数量快速下降的势头得到了遏制，武汉也启动了“江豚重返”计划。

“2017 年的调查数据显示，目前长江流域的江豚在 1000 多头，但其濒危状况仍未改变！长江江豚频现值得高兴，但不能盲目乐观。保护长江江豚，需要做的还很多！”

每个人都能“为长江治病”？

长江“无鱼”、水生物多样性下降、珍稀物种濒危程度上升、渔业资源枯竭、物种灭绝等，都是“长江病了”的指征。“长江生物完整性指数到了最差的‘无鱼’等级，很多鱼和物种都消失或濒危了”。

最先感到痛心和意识到危机的，是研究水生生物的学者们。2008 年，中国科学院院士、鱼类生物学家曹文宣率先提出长江十年禁渔，其后响应者众。

2021 年 1 月 1 日，来自科学界的这一呼吁被采纳后正式实施。张先锋解读：“禁渔不仅仅是为了救鱼，更是为了救人，为了修复长江生态，为了给子孙后代留下资源。有人问我们为什么要保护一个物种，因为生态被破坏，最终人类自身的生存和发展也会受到威胁。”

认真听讲的孩子们

张先锋回答听众提问

自然通识课现场，张先锋回答听众提问

Q：禁渔期限为什么是 10 年？

大多数常见鱼需要在长江中生长 3~4 年才性成熟，过去也实施过三四个月的短期禁渔，但并不足以让这些鱼休养生息。连续禁渔 10 年，意味着长江里的大多数鱼类可以繁衍 2~3 个世代，种群数量能够显著增加。

但这并不意味着 10 年之后对长江的保护就结束了，“‘禁渔’及后‘禁渔’期间的监测评估仍在进行中”。

Q：禁渔之后还有鱼吃吗？

不必担心，我国渔业发达，长江渔业捕捞量早就只占全国渔业产量的不到 1%。我们餐桌上的鱼，绝大部分是人工养殖的，但为了保障鱼种基因的优良性，仍要保护野生种群。禁渔不但不会影响吃鱼，反而能让我们更好地吃鱼。岸上的活动，影响着水里的生态。长江十年禁渔和长江大保护这些宏观命题，不仅是政府、科学界、行业内的事情，还需要每一个人参与。

第十四课

这种“很有梗”的极危植物在武汉有了首个迁地保护试验点

科普现场： 武汉东湖落雁景区

科普时间： 2021 年 7 月 22 日

科普主讲人： 杨星宇，武汉市园林科学研究院水生植物学者。

提起濒危物种你会想到什么？
金丝猴、江豚，还是雪豹？
地球上的植物居民们，
没有动物们的呆萌外表，
没有灵动的双眸。
但它们也是生态链的重要一环，
也会面临生存危机……
本次课程的主角，
就是一种看似普通又不普通的、极危的水草。

第十四课 这种“很有梗”的极危植物在武汉有了首个迁地保护试验点

武汉市园林科学研究院水生植物学者杨星宇讲述了国家二级重点保护野生植物（极危）——粗梗水蕨在武汉的故事。目前，武汉学者已经在东湖落雁景区为粗梗水蕨建起首个迁地保护试验点。

杨星宇在投放人工粗梗水蕨幼苗

一种“很有梗”的水草

东湖落雁景区临湖的一小片水域里，丛丛睡莲如油画，走近再看，依稀可见叶片呈“鹿角状”的植物，它正是粗梗水蕨。

从这肉眼可见的叶与梗面积比不难看出，粗梗水蕨实如其名，就是比别的水蕨“更有梗”的水蕨。

普通水蕨

粗梗水蕨

粗梗水蕨的孢子

粗梗水蕨繁殖方式分为有性繁殖（孢子繁殖）与无性繁殖（株芽繁殖等）。成熟的粗梗水蕨在孢子叶上会形成黄色的颗粒，这些颗粒就是它的孢子。孢子落到水中或者湿润处，就可能会在第二年萌发。

尽管粗梗水蕨的孢子萌发和幼苗生长比较容易受环境影响，但综合而言，它的成年植株生长并不需要十分严苛的条件，对水体的适应能力较强，常浮生于沼泽、河沟和水塘里，甚至能跟以“泛滥成灾”闻名的水葫芦共生，分布于中国的湖北、湖南、安徽、江苏、浙江等地。

它怎么就极危了？

就是这样一种看似不挑不拣、好养活的水生植物，在 1999 年被列为国家二级重点保护野生植物，2013 年环保部和中国科学院联合发布的《中国生物多样性红色名录——高等植物卷》中，粗梗水蕨被认定为极危物种。

第十四课 这种“很有梗”的极危植物在武汉有了首个迁地保护试验点

杨星宇在野外调查时发现粗梗水蕨

粗梗水蕨的野外种群数量急剧减少，可能主要是水体富营养化、外来植物入侵、过度围垦等原因造成的。

2020 年 8 月，武汉市园林科学研究院专家团队在武汉开展湿地生态恢复和植物多样性调查时，发现大规模成片生长的粗梗水蕨。

其后一年，专家团队将采集来的野外种群及水体样本进行研究，人工繁育已成功，并在东湖落雁景区建立了武汉首个粗梗水蕨迁地保护研究试验点，投放人工培育的幼苗眼下长势喜人。

很多小朋友是第一次见到粗梗水蕨，有小朋友说：“我一直以为濒危物种是在全世界很难发现或者是只有一两个种群的物种，没想到这种看起来很普通的水草也是濒危植物。而且我本

在实验室里人工繁育的粗梗水蕨

杨星宇带领孩子们辨认粗梗水蕨，讲解它的生长习性

来觉得濒危植物相较于濒危动物而言，可能没那么可爱，没那么引人注目，但听老师讲过之后，发现它也是生态环境中不可或缺的一部分。”

如果江湖里没有它……

如果粗梗水蕨彻底从江湖里消失，会怎么样？

或许表面上没有太大影响，人类看起来依旧可以生存得很好，但植物是生态链的基础，一旦一种植物濒危或消失，可能会有一系列难以察觉的连锁反应，影响到整个生态链。

自然通识课现场，小朋友们近距离观察粗梗水蕨

保护物种并不是只保护那些濒危了的，而是得保护每一个物种。

粗梗水蕨曾经也极为常见，但一不小心也成了濒危物种，因为环境或人为影响导致一个物种的野外种群不断减少甚至消失，是非常危险的。

武汉已经获评国际湿地城市，粗梗水蕨在野外成片生长，是武汉湿地生境保护向好的一个信号。但这并不意味着对粗梗水蕨的保护就此结束了。作为浮水植物，粗梗水蕨的踪迹“飘忽不定”，之前在野外发现的地方，可能第二年不一定会有，对于粗梗水蕨的原地保护目前还需进一步研究。

位于东湖落雁景区的粗梗水蕨迁地保护试验点

试验点里这些人工繁育的粗梗水蕨，能否在这片水域越冬以及完成野外繁殖，还需时间给予答案。

一切才刚起步。对于极危物种，实现人工繁育可能是避免灭绝的最有效手段和最后屏障。但不能仅仅依靠人工繁育拯救某个物种，还应该保护其野外生存环境，除了技术、资金的投入，公众和社会的认知也很关键，这是一项任重而道远的工作。

人工培育的粗梗水蕨在试验点长势良好

粗梗水蕨还具有一定的食用和药用价值，但它有一定毒性，贸然食用有风险，况且它已经被列为国家二级重点保护植物，食用野生粗梗水蕨属违法行为。只有做好研究保护之后，实现了稳定化、规模化的人工培养，才能对粗梗水蕨进行后续的食用及药用开发。

第十五课 15年了，我们还在长江里找你

科普现场：武汉解放公园桂建芳院士自然科普工作室

科普时间：2021年9月12日

科普主讲人：王丁，中国科学院水生生物研究所鲸类保护生物学学科组组长、研究员。

白鱀豚嬉闹，白鲟穿梭……这番光景已不再。白鹭翱翔、麋鹿奔跑、江豚腾跃……这些画面逐渐成真。

30年来首次大改的《国家重点保护野生动物名录》，2021年将长江江豚正式升级为国家一级保护动物。

中国科学院水生生物研究所（以下简称“水生所”）鲸类保护生物学学科组组长、研究员王丁讲道，尽管还任重道远，但中国40余年的长江豚类研究保护工作迎来了“黎明的希望”。

长江江豚

15年过去，科学家不舍将白鱀豚改为野外灭绝

王丁说：“白鱀豚没了，白鲟没了，中华鲟也快没了，长江里的大型动物，只剩江豚了。”

2002年，水生所人工饲养的白鱀豚淇淇在25岁高龄时自然离世，成为人类看到的最后一头活体白鱀豚。2006年，已经是水生所党委书记的王丁，曾组织来自 7 个国家的 30 多名科学家，在长江上进行了为期 38 天的考察，没有发现一头白鱀豚。

白鱀豚

白鱀豚淇淇（张先锋 摄）

王丁回忆，在考察结束的送别晚宴上，一位德国女科学家在科考船上迟迟不愿下来，“她当时跟我说：‘王，我不能踏下这条船，因为这意味着我再也见不到白鱀豚了！’说完她放声痛哭……”

2007 年，同样不能接受白鱀豚“灭绝”了的王丁，“生造”了“功能性灭绝”的表述，即该物种在生态位的功能已经消失、灭绝命运不可挽回，但不排除还存在零星个体。当年，白鱀豚功能性灭绝被评为全球十大人为灾难之一。

15 年过去，世界自然保护联盟曾几次想把白鱀豚从极度濒危或可能灭绝的状态改为野外灭绝，王丁一直没同意。

作为世界自然保护联盟鲸类专家组委员，也是白鱀豚研究方面最权威的专家，王丁不同意改就不能改。

他动情地说："除了科学的原因，不能百分百确定长江里一头白鱀豚都没有了之外，还有情感的原因，这么多年，研究者和志愿者一直没有放弃寻找白鱀豚，可惜的是，至今没有确切证据表明白鱀豚还存在。我们是最后，也是仅剩的还在研究白鱀豚的人。"

在孤独中战斗，在黑夜里找光

时间回溯至 1978 年，十一届三中全会拉开了改革开放的大幕，在世界第三长河长江之中孕育的两种淡水鲸，一直吸引着国外专家的关注，他们就此提出进入中国研究长江特有淡水鲸——白鱀豚。但邓小平同志说，"如此重要的生物，我们要自己先行研究"。

然而，尽管在秦汉时期的古籍《尔雅》中就记录了白鱀豚，但对于这个物种的科学认知，在 1978 年之前几乎是一片空白。

1978 年年底，中国首个白鱀豚研究组在武汉东湖边的水生所诞生，王丁在 1982 年进入水生所从事长江鲸类研究保护工作。

那曾是一段幸福之路。王丁在水生所邂逅了“长江女神”，与人工饲养的白鱀豚淇淇朝夕相处 10 余年，邂逅“长江微笑”，与长江江豚结下不解之缘，走上学术巅峰，找到人生意义，成为水生所鲸类保护生物学学科组组长、中国人与生物圈国家委员会秘书长、世界自然保护联盟鲸类专家组委员……

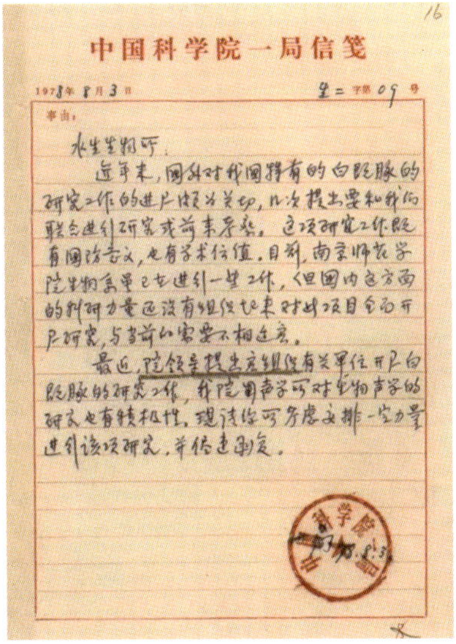
中国科学院一局信笺
1978年8月3日　生二字第09号
事由：
水生生物所：
近年来，国外对我国特有的白鳍豚的研究工作的进展颇为关切，几次提出要和我们联合进行研究或前来考察。这项研究工作既有国防意义，也有学术价值。目前，南京师范学院生物系虽已进行一些工作，但国内这方面的科研力量还没有组织起来对此项目全面开展研究，与当前的需要不相适应。
最近，院领导提出要组织有关单位开展白鳍豚的研究工作，我院因声学所对生物声学的研究也有积极性，提请你所考虑安排一定力量进行该项研究，并请速函复。

中国科学院组织开启白鱀豚科研工作的历史文件

那曾是一段孤独之路。早在 1986 年在武汉召开的首次“淡水豚生物学和物种保护”国际学术讨论会上，中国科学家就提出了就地保护、迁地保护、人工饲养与繁殖研究相结合的三大保护措施。

然而，科学家提出解决方案后，更需要的是八方力量汇聚，携手推进落实。

彼时，时代命题聚焦经济发展，尤其 1983 年宣布长江“有水大家行船”后，对这条有利于经济发展的“黄金水道”，少有人关心其中的鱼和豚。

高歌猛进，豚去江空，长江生态一步步走到了最差的“无鱼”等级。王丁等学者孤独而心碎的呐喊得不到回应，眼睁睁地看着白鱀豚成为首个由于人类影响而灭绝的鲸类动物。

在很长一段时间里，他甚至遭受着“你们这些白鱀豚保护者把白鱀豚保护没了”的质疑。

现实和流言化作利刃，在科学家们的心里刻下伤痕。

王丁在自然通识课现场

念念不忘，必有回响

随着生态理念逐渐觉醒和长江大保护深入人心，没来得及用到白鱀豚身上的三大保护措施，被用来保护起长江里的另一种哺乳动物长江江豚。

2016 年《长江江豚拯救行动计划（2016—2025）》问世，2021 年起长江正式开启“十年禁渔”，长江江豚也升级为国家一级保护动物。

武汉市政府也出台了“十大举措”促进长江江豚重返武汉城区江段，其中包括武汉市园林和林业局持续实施的湿地等野生动物栖息地保护与修复措施等。

时至今日，长江中下游已建成 10 个豚类自然保护区和迁地保护区。那些没有来得及在白鱀豚身上使用的保护方法，终于在长江江豚身上一一生效。2012—2017 年，长江江豚数量加速减少的趋势得到遏制，2017 年至今，数量稳定在了 1000 多头。

王丁为大家讲课

这一细微而关键的变化，让王丁仿佛看到“黎明的希望”，而为了这一刻，包括他在内的科学家团队，已经坚守了 40 余年。

编号 4448，“是我们的阿宝”！

王丁分享了许多科学家保护长江江豚的故事。在动物保护领域，野生动物能够回到自然状态并成功繁衍、形成族群，被视为最佳保护状态。王丁见过不少保护状态良好的长江江豚“三年抱俩”，寿命可达 20 多岁、四五岁便可性成熟进行繁殖的长江江豚，甚至能“四世同堂”。

阿宝是一头雄性长江江豚。2004 年，时年 7 岁左右、已经性成熟的阿宝，从湖北长江天鹅洲白鱀豚国家级自然保护区来到水生所，参与长江江豚人工繁殖项目。在水生所过了 7 年“饭来张口”的舒适日子，阿宝又参与了水生所的软释放技术研究。研究员一步步地让阿宝适应野生环境，直到 2011 年，被放置了永久性芯片的阿宝在科学放归步骤下重回了大自然。

2015 年 11 月，湖北长江天鹅洲白鱀豚国家级保护区委托水生所对保护区里的长江江豚进行一次全面的种群普查。科研人员通过扫标仪确认芯片号码尾数为 4448，激动地喊出：“这是我们的阿宝！”更令人兴奋的是，该保护区长江江豚种群亲子鉴定研究及遗传谱系结果表明，阿宝有了 5 个子代、10 个孙代和 2 个曾孙代。也就是说，2015 年已经十八九岁的阿宝，成了“四世同堂”的“曾祖父”！

这一试验证明了，在人工环境中长期饲养的长江江豚仍然可以重新适应自然环境，并能够成功繁殖，软释放技术基本建立。

黎明虽至，但任重道远

目前，长江江豚的数量稳定在 1000 头左右，而“2021 年公布的全国野生大熊猫数量为 1864 只，长江江豚数量比野生大

自然沙龙，王丁与主持人对话

熊猫还少，极度濒危的状况仍未改变，绝不能掉以轻心”！

“白鳖豚已去，我们绝不能让长江江豚步其后尘！”王丁说道，“不知不觉中，人类已经失去了很多。长江江豚是长江生态系统的指示物种，我们的母亲河如果不能支撑这样的哺乳动物生存下去，有一天是不是也不能支撑人类生存？保护长江江豚，就是保护长江，它是有力抓手。”

第十六课

入侵者的“天敌”——吃货找到最高境界

科普现场：武汉解放公园桂建芳院士自然科普工作室

科普时间：2021 年 10 月 10 日

科普主讲人：李兆华，武汉市自然教育首席专家，湖北大学研究生院院长、资源环境学院教授。

2021年10月，《生物多样性公约》第十五次缔约方大会第一阶段会议在云南省昆明市召开。不论文明如何发展，人类都只是站在了更高的生态位，却永远跳不出生态圈。丰富的生物多样性，意味着更优良的生存环境。物种保护、多样世界，这关乎着每一个人的命运。

武汉市自然教育首席专家，湖北大学研究生院院长、资源环境学院教授李兆华向青少年

李兆华在自然通识课现场

做了"外来物种入侵与生态安全"科普，他表示保护生物多样性需要认真做好外来入侵物种防治，每一个普通人都能成为它们的"天敌"，但一个好"天敌"，远不是"吃"这么简单。

"吃货"办好事，也办坏事?

大陆割裂、板块漂移、气候各异……从亿万年前开始，神奇的大自然赋予了不同地带独特的物种、多样的生物。其后，借助风、水、鸟、虫等自然媒介，以及有意的、无意的人工引种，不同地域的物种交换其实从未停止。

如今生活里很多常见的物种，比如番茄、土豆、玉米……都是外来的。对待远道而来的外来物种，并非都要严防死守，西汉时期，张骞出使西域带回了石榴等一批外来物种，可是被记为功绩的。

李兆华介绍，会被贴上"入侵"标签，列入外来入侵物种名录的，往往是那些破坏景观的自然性和完整性、摧毁生态系统、危害动植物多样性、影响生物遗传多样性的外来物种。

武汉人现在餐桌上的美食小龙虾，原产于墨西哥北部和美国南部，中国在20世纪三四十年代从日本引进，主要用作食物和宠物。在野外，小龙虾对当地鱼类、甲壳类、水生植物都极具威胁，还因其取食植物根系而直接对水稻等作物有灾害性破

小龙虾

坏，威胁粮食安全。但因为中国人爱吃小龙虾，这一外来物种尚未形成极大危害。小龙虾的案例也常常被网友们引用，以调侃在博大精深、花样百出的中华烹饪手法和“吃货”们面前，就没有解决不了的外来物种。

然而在防治外来物种入侵方面，“吃货”们的确办了不少好事，但也办了不少坏事。

比如如今在武汉江湖里泛滥成灾的福寿螺，在 1981 年被引入中国时，也是作为食物。但因它口感不佳、寄生虫过多威胁健康等原因，中国人又不爱吃它了。

福寿螺在野外成功生存繁殖后，因食量大且食物种类繁多，能破坏粮食、蔬菜等农作物的生长，甚至能让水稻减产 20% 以

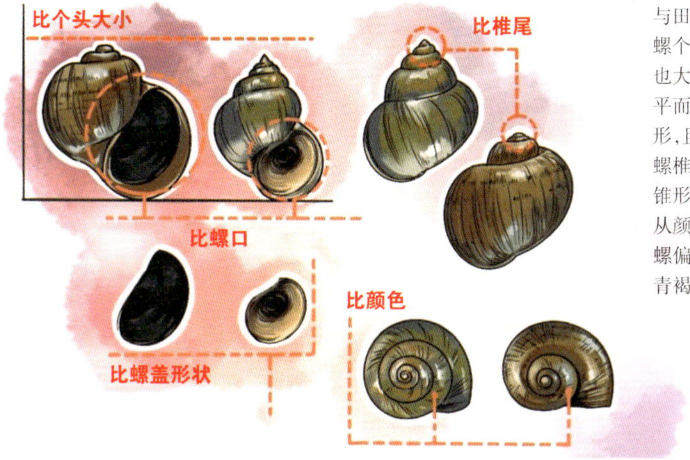

与田螺相比，福寿螺个头更大，螺口也大。福寿螺椎尾平而短促，呈圆盘形，且螺盖偏扁；田螺椎尾长而尖，呈锥形，且螺盖较圆。从颜色来看，福寿螺偏黄，田螺则偏青褐色。

福寿螺与田螺对比图

上。它已成为广东、广西、福建、云南、浙江、上海、江苏、湖北等地的有害动物。

巴西红耳龟最初也是以食用为目的引入的。中国 1987 年引种，曾大量养殖，在各地的自然水体中都可以发现。它的入侵威胁，首先是掠夺其他生物的生存资源，排斥、挤压本土龟类的生存空间。其次，龟类杂交的现象十分普遍，若巴西红耳龟在一个区域数量过多，本地龟类很可能

公园和花鸟市场常见的巴西红耳龟

会找不到同种龟交配而导致本土龟类的遗传结构改变，最终走向消亡。此外，巴西红耳龟还是沙门菌传播的罪魁祸首，养殖龟类中约85%都携带有沙门菌，尤其是幼龟。

保护生物多样性，每个人都能为中国提高“免疫力”。人若生病了，需要依靠免疫力打败“入侵者”，外来入侵物种也考验着一个国家和地区的“免疫力”。李兆华表示，中国地处广袤的亚欧大陆，自古就有频繁的物种交换。相比美国、澳大利亚等所处大洲相对独立的国家，中国的“免疫力”基础还不错。

而中国首部《中国的生物多样性保护》白皮书显示，多年来，我国在生物多样性保护方面持续重拳出击。光是近10年来颁布和修订的生物多样性相关法律法规就有20余部。山水林田湖草全覆盖的法网，为保护生物多样性做出了积极努力，并向世界贡献了中国智慧。但是，中国仍然是全球遭受生物入侵威胁与损失最为严重的国家之一。

小朋友积极举手提问，现场不少人表示在公园看过或在市场买过巴西红耳龟

截至2020年，我国的外来入侵物种有近800种，已确认入侵农林生态系统的有638种。其中，湖北省外来入侵物种在2020

李兆华教授给青少年讲科普知识

年新增了 7 种，总数从 163 种上升为 170 种。全国 31 个省（自治区、直辖市）均有外来生物入侵发生并带来危害，几乎涉及所有类型的生态系统。在国际自然保护联盟公布的全球 100 种最具威胁的外来入侵生物中，我国有 51 种。外来入侵物种在我国每年造成直接经济损失逾 2000 亿元。面向公众科普、号召公众行动是保护生物多样性必不可少的重要环节，每个普通人都能成为中国增强对外来入侵物种“免疫力”的一分子。

比起当“吃货”，我们更不要随意放生。很多老百姓不知道

自然通识课现场，青少年认真做笔记

买来的物种是不是外来的，养一段时间不想养了就丢到野外，或者喜欢放生，这都是可能威胁当地生物多样性的行为。对待外来入侵物种，若不忍杀掉，可选择交给公园、动物园、林业部门或生态保护相关的社会公益组织等处理。

第十七课 2.5亿年后的地球可能长这样

科普现场：武汉解放公园桂建芳院士自然科普工作室

科普时间：2021年10月23日

科普主讲人：周汉文，中国地质大学（武汉）教授、教育部长江三峡库区地质灾害研究中心副主任。

主讲人周汉文

周汉文授课现场

《流浪地球》等科幻片里预想的地球进入冰封状态的设定会不会成真？

把指针拨回几亿年前，地球往事里有“雪球地球”的案例；再将指针拨到地球未来，原来科学家们对 2.5 亿年后地球已经有模拟了。

“现在是认识过去的钥匙”

“现在是认识过去的钥匙。”这是近代地质学之父查尔斯·莱伊尔的名言。

在地球上有一种叫“冰碛岩”的岩石，年龄高达数亿年，甚至数十亿年，它由远古冰川物质沉积并迅速埋藏形成，是冰川作用的物质记录。

湖北秭归的冰碛岩（周汉文供图）

从世界各地的冰碛岩研究中，科学家们发现地球可能经历过 5 次大的冰期，并在新元古代（在距今 7 亿—6 亿年），真正像科幻片里猜想的那样，变成了“雪球地球”。那个时期，地球所有的大陆板块是连在一起的。

“现在也是认知未来的眼睛”

“现在也是认知未来的眼睛”。科学家们通过精密的仪器监测，获得现在地球各大板块的漂移方向和速度。结合计算机模拟，科学家们预判——可能在 2.5 亿年后，如今四分五裂的各个板块又会连接在一起，形成一个“终极盘古大陆”。

那这意味着 2.5 亿年后，“雪球地球”现象会再次发生吗？“雪球地球”形成的条件很复杂，大陆板块连在一起只是条件之一，还需要看气候、环境等。而“雪球地球”时期，即便是赤道地区也被冰雪覆盖，气温可能低至零下四五十摄氏度。但若

现场观众认真思考着

往美好的方向想，2.5 亿年后各个板块连在一起，若还是宜居的地球，说不定可以“骑着山地车周游列国”呢！

中国科学院院士、中国地质大学（武汉）原校长殷鸿福“协同进化”的观点认为：“环境演变影响生命演化，反过来，生命演化也影响环境演变。协同进化是生物与环境的交互关系，是一种协同关系。”

人类相当于在一天里的“最后 2 分钟”才出现

从地球和人类繁衍这些宏观层面回到微观的个人层面，生态理念、保护环境意识的树立，都是为了让我们每个人的生活更美好。

人类跟其他动物的最大区别，是可以自主适应环境。宇航员能在太空那么不适宜人类生存的环境里生活长达半年。未来，人类也可以靠智慧来应对地球大环境的变化。

第十八课 武汉的这些鸟居民，全球都很关注

科普现场：武汉解放公园湿地科普馆

科普时间：2021 年 11 月 8 日

科普主讲人：雷刚，世界自然基金会（WWF）武汉区域项目主任、武汉自然教育首席专家、资深湿地水鸟保护专家。

立冬已过，等鸟来，
成了武汉这座“湿地花城”里，
最浪漫的冬日童话。
就连《人民日报》都送给
武汉“百鸟乐园”的美誉。
年复一年，生生不息，
鸟儿们带给武汉的远不止诗意。

主讲人雷刚

世界自然基金会武汉区域项目主任、武汉自然教育首席专家、资深湿地水鸟保护专家雷刚，在解放公园湿地科普馆为公众做“武汉——全球迁徙候鸟保护的重要一环”科普。

雷刚在自然通识课现场

武汉有“鸟界国宝”，还有“鸟界全球宝”

2021 年初，4000 余只“鸟界国宝”东方白鹳飞抵天津，引发一波聚焦，随后再过 1 周左右就飞到武汉歇脚了，“这是一种大型涉禽，站直了跟一个成年人差不多高，是国家一级重点保护动物”。

2021 年 11 月初，沉湖来了迷了路的大红鹳（大火烈鸟），让爱鸟护鸟人士兴奋不已。

细数起来，武汉这座“百鸟乐园”里，受全球关注的鸟类也不少，其中之最要数青头潜鸭。

这种被《世界自然保护联盟濒危物种红色名录》列为极危等级，又被《国

大红鹳（魏斌 摄）

青头潜鸭（高然 摄）

家重点保护野生动物名录》列为国家一级保护动物的野鸭，全球仅存约1000只，而1/3的种群都在武汉。

武汉既是青头潜鸭的越冬地，也是全球青头潜鸭最南端的繁殖地。别看它眼神呆萌，在雁鸭类里，它算聪明的。长期观察下来，武汉府河湿地有大约50种鸟，很多鸟搭巢随意，很容易被水淹没或被毁坏，而青头潜鸭的巢穴选址往往高且隐秘，周围食物丰富。

鸟儿为什么要迁徙？“百鸟乐园”对武汉意味着什么？

沉湖湿地（高然　摄）

从专业角度审视，江河密布、湿地众多的武汉，位于全球重要候鸟迁徙路线之一——东亚-澳大利亚候鸟迁徙路线上。武汉的重要性体现在——这里既是雁鸭类重要的越冬区，又是鸻鹬类等候鸟的重要中转站，还是部分候鸟的重要繁殖地，对于小型树林鸟类来说，这里也是优良的栖息地和补给站。

依据鸻鹬类候鸟的迁徙，全球划分出九大迁徙路线

据《2020年武汉重点区域鸟类监测年报》统计，2016—2020年，武汉鸟类历史记录种类从365种增加至421种。夏季在这里繁殖的夏候鸟、冬季来这里过冬的冬候鸟、迁徙途中路过这里的旅鸟，以及常年住在这里的留鸟……都是在用脚为武汉这座“湿地花城”的自然生态环境“投票”。

武汉湿地里的国家一级保护动物黑鹳（蔡兵 摄）

鸟儿对生态环境最敏感。这不只需要园林绿化好、湿地面积大，更重要的是食物丰富、栖息地好。近些年，武汉的城市建设尤为注重人与自然和谐共生，与保护湿地、修复水生态、开展自然科普教育等都有关。

常见鸟和珍稀鸟一样要爱护，每个人都能行动起来

不过，对这些城市“鸟居民”的关注和保护，仍不可掉以轻心。它们仍面临着气候变化、各种天敌捕食的自然威胁，还

有来自非法捕猎、环境污染、资源过度利用等人类活动的威胁。在东亚-澳大利亚候鸟迁徙路线上，部分鸟儿的种群每年仍以9%的速率在下降。

不只珍稀鸟类需要保护，任何一种普通鸟类都需要加以保护。比如，黄胸鹀俗称禾花雀，20年前在中国就像麻雀、燕子一样随处可见，但由于人们大肆捕杀，目前已经被《世界自然保护联盟濒危物种红色名录》评为极危物种，也是国家一级保护动物。也就是说，任何一种常见鸟类如果不加以重视，都可能变得濒危。

多彩的生活源于多样的自然，期待“同在蓝天下，人鸟一

小朋友认真地记录保护鸟类的方法

家亲”。

爱鸟护鸟，每个人都能这样行动：①少使用化肥农药；②多栽植本土植物；③观鸟而非关鸟；④遇到偷猎和鸟网请报警；⑤不接近鸟巢鸟蛋；⑥不乱扔塑料垃圾；⑦多吃有机食物。

第十九课

87 岁院士，在公园躬身做科普

科普现场：武汉解放公园桂建芳院士自然科普工作室

科普时间：2021 年 11 月 9 日

科普主讲人：曹文宣，中国科学院院士、鱼类生物学家，桂建芳院士自然科普工作室名誉大使。

“十年禁渔，只是长江渔业资源和水生生态资源修复的第一步！”

——曹文宣

躬身科普，为小学生的自然科学画亲笔签名

曹文宣院士看“长江十年禁渔”自然科普展

2021年1月1日起，“长江十年禁渔”正式启动，《中华人民共和国长江保护法》（以下简称《长江保护法》）也随后颁布实施。曹文宣院士正是“长江十年禁渔”的首倡科学家，第一次提出这个建议还是2006年在三峡工程科技论坛上。他看着回顾这些往事的展板，动情地说：“我3次参与《长江保护法》制定过程的征求意见流程，每次都重申，保护长江，就要把长江生态环境修复放在重要位置。到今年，我呼吁和努力了15年的愿望，终于实现了。”

第十九课

87 岁院士，在公园躬身做科普

已过耄耋之年的曹文宣白发苍苍，拄着拐杖缓缓走向科普工作室。作为院士科学家，他不只一直坚守在科研一线，还躬身做自然科普。

曹文宣院士在公园做科普

曹文宣院士为孩子们的科学画签名，鼓励青少年积极加入长江鱼类保护行动

他说，对于自然生态保护和科学研究，宣传教育的作用很大。“在我小时候，用弹弓打鸟、掏鸟蛋是很常见的游戏，提倡爱鸟、护鸟之后，现在已经很少有人这么干了，这不光对鸟很好，对陆生动物的保护效果也很好。我们说人与自然和谐共生，在群众之中树立广泛的保护意识是非常重要的。”

听说曹文宣院士亲自来做科普，武汉一些从事自然科普事业的老师和志愿者也慕名前来。武汉市江岸区新村小学的朱洁老师，特意带上了孩子们绘制的长江鱼主题自然科学画。

“学校听说这个活动，觉得作为长在长江边的武汉孩子，保护长江鱼非常有意义。孩子们要上课，就拜托我把画送过来给院士爷爷看。”朱老师说，“这些作品是孩子们跟着老师、家长学习长江鱼类知识之后画的，很多孩子都表达着 2030 年可持续发展目标实现后，更多鱼儿能回到长江里的愿景。我们学校后续也会举行‘小手拉大手’的自然科普活动，希望保护更多长江鱼类。”

详解“长江十年禁渔”，不只保护珍稀鱼类

在随后与公众的对话中，曹文宣把“长江十年禁渔”称为对母亲河的一次“抢救”。

但为什么是10年？

曹文宣从恢复长江渔业资源的角度，举了青、草、鲢、鳙这“四大家鱼”的例子。这四种鱼是长江里最常见的大型鱼类，

曹文宣院士自然通识课现场

也是我国利用最多的长江渔业资源，“四大家鱼”的产量在我国淡水养殖鱼类产量中占一半。科学家们在部分苗种场发现养殖鱼类遗传多样性下降明显，当养殖鱼的基因不够丰富时，就需要从野外引种。然而，在十年禁渔之前，长江里的青、草、鲢、鳙野外繁殖率也减少了 97%~98%。中国淡水鱼养殖驰名世界，年产量高达 3000 余万 t，是世界第一水产养殖大国，水产养殖量占世界总量的七成左右。

曹文宣说，外国经济学家莱斯特·布朗曾在 1994 年写过一篇叫《谁来养活中国》的文章，等到 2008 年《环球时报》采访他时，他高度赞扬中国的淡水渔业。

据学者测算，1kg 粮食可以生产 1kg 鱼，而美国人爱吃的牛肉，7kg 粮食才可以生产 1kg 牛肉。中国的淡水鱼养殖为发展中国家提供动物蛋白做出了重大贡献，很多外国人会来中国取经如何养鱼。

“必须在长江内维持‘四大家鱼’较大规模的繁殖群体，以保持其优良的种质资源，使我国的淡水渔业长盛不衰，持续发展。”

紧接着，他又从长江水生生态资源修复角度讲解，表示只有野生鱼类种群恢复之后，以鱼为食的长江江豚等哺乳动物生存环境才能好转，以鱼为天敌的水生生物才不至于泛滥，生物链关系才能健康，生物多样性才能丰富，从而有利于长江整体生态环境的修复。

他举了两个例子：“当鄱阳湖的鱼类物种多样性显著下降

87 岁的曹文宣院士在公园做自然科普

后，湖里的入侵物种小龙虾因天敌减少或消失会无制约地繁衍，危害生态环境。洞庭湖鱼类种类数和鱼产量减少后，湘江河口洞庭湖区的钉螺大量出现，这也是天敌消失引起的。”

十年禁渔之后，长江是否就能恢复元气？十年之后又该如何保护长江？曹文宣认为，十年禁渔是长江生态修复的基础工作，但只是第一步，之后还要修复物种栖息地。尽管长期致力于长江鱼类资源和珍稀、特有鱼类物种保护研究，但曹文宣说，保护“长江鱼”不仅是保护那些珍稀、特有的鱼类，而且一般的大鱼、小鱼都需要好好保护，这才是真正的生态修复。

他建议：“水利设施对水生物种栖息地的影响较大，尤其是一些小鱼。希望后续能做到大的干流建发电站，小的支流要保护起来，恢复它的自然状态。特别是小鱼不能跟其他的鱼混在一起，混在一起其他的鱼会把它当食物吃了，小鱼需要躲起来，给它一条小支流，就是它们的隐蔽栖息地。”

自然有我，长江有鱼，我们每个人都是保护自然、保护长江的一分子！

孩子们绘制的长江鱼主题自然科学画，有了耄耋院士曹文宣的亲笔签名

2030

长江禁渔

2030

长江水美
不食江鲜
有鱼才美
uhan
江豚

长江禁渔
捕钓的是长江的生态环境

长江有鱼

第二十课

湿地大会 2022 年来武汉，这些干货了解一下

科普现场： 武汉解放公园桂建芳院士自然科普工作室

科普时间： 2021 年 11 月 29 日

科普主讲人： 王学雷，中国科学院精密测量科学与技术创新研究院研究员、国家湿地科学技术专家委员会委员、全国湿地保护标准化技术委员会委员。

湿地是水鸟居住的地方吗？沙漠里也有湿地？当我们提出保护湿地时，究竟在保护些什么？2022年11月5日至13日在武汉举办的《湿地公约》第十四届缔约方大会，究竟是怎样一个国际会议？

主讲人王学雷

湿地≠水鸟栖息地

一开始，人们以为湿地是那些泥泞、荒芜的地方，人类难以进入，是给水鸟生活的栖息地。1971年，18个国家在伊朗拉姆萨尔第一次对“湿地”给出国际公认定义时，签署的公约叫《关于特别是作为水禽栖息地的国际重要湿地公约》，也就是现在简称的《湿地公约》。

大家看这个名字就能发现，湿地最初是作为水禽栖息地被重视的。

比起森林、海洋这些名字，与二者并称为“全球三大生态系统”的湿地，时至今日仍然是个相对较新的概念。中国是在1992年加入《湿地公约》的。目前，这个全球第一部政府间多

2021 年的冬候鸟已飞抵武汉湿地

边环境公约，已有172 个缔约方。

对于湿地的认知，也早已从“水禽栖息地”延展为人与万物共有的家园、生命共同体。2022年11月5日至13日在武汉举办的《湿地公约》第十四届缔约方大会，就将主题定为“珍爱湿地，人与自然和谐共生”。

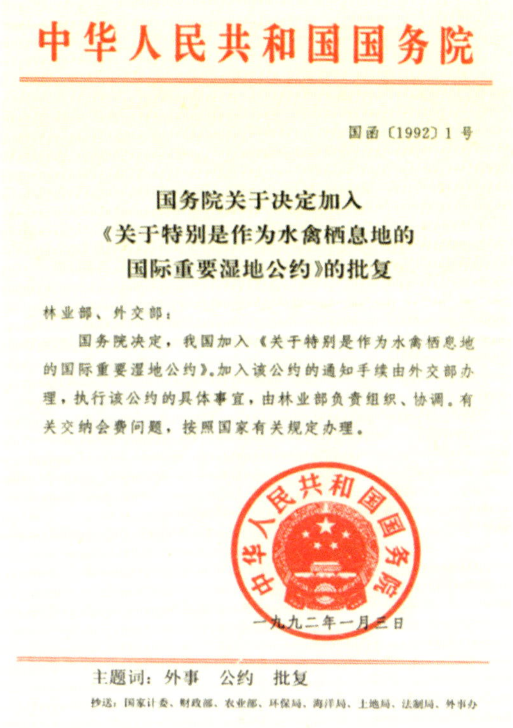

中华人民共和国国务院

国函〔1992〕1 号

国务院关于决定加入
《关于特别是作为水禽栖息地的
国际重要湿地公约》的批复

林业部、外交部：

国务院决定，我国加入《关于特别是作为水禽栖息地的国际重要湿地公约》。加入该公约的通知手续由外交部办理，执行该公约的具体事宜，由林业部负责组织、协调。有关交纳会费问题，按照国家有关规定办理。

中华人民共和国国务院

一九九二年一月三日

主题词：外事　公约　批复

抄送：国家计委、财政部、农业部、环保局、海洋局、土地局、法制局、外事办

1992 年，中国加入《湿地公约》的相关公函

“湿地大会”为什么选武汉？

这是每3年举办1次的《湿地公约》缔约方大会首次来到中国。

《湿地公约》缔约方大会举办地点一览表

届数	时间	举办地点
1	1980年11月	意大利卡利亚里
2	1984年5月	荷兰格罗宁根
3	1987年5月至6月	加拿大里贾纳
4	1989年7月	瑞士蒙特勒
5	1993年6月	日本钏路
6	1996年3月	澳大利亚布里斯班
7	1999年5月	哥斯达黎加圣何塞
8	2002年11月	西班牙巴伦西亚
9	2005年11月	乌干达坎帕拉
10	2008年10月	韩国昌原
11	2012年7月	罗马尼亚布加勒斯特
12	2015年6月	乌拉圭埃斯特角
13	2018年10月	阿拉伯联合酋长国迪拜

那么多城市，为什么选武汉？

有“江城”“百湖之市”美誉的武汉，湿地资源相当丰富，曾被美国《国家地理》杂志评为全球内陆湿地资源最丰富的

3座城市之一。武汉在全国副省级城市中率先为湿地保护立法，并在全国第一个推出湿地生态补偿机制，保护湿地的理念也很不错。

在武汉，人们随处可见湿地：穿城而过的长江、汉江，游人如织的东湖、沙湖，甚至解放公园的人工水域，城市郊野的水库、稻田等，都是湿地。《湿地公约》缔约方大会有两项重要议程，一是评定“国际重要湿地”，二是评定“国际湿地城市”。武汉的沉湖已入列“国际重要湿地”，武汉也已经获得了“国际湿地城市”的称号。

沉湖湿地纷飞的候鸟群

王学雷在自然通识课现场

武汉在湿地资源方面非常有优势，据全国第二次湿地资源调查显示，武汉市的湿地面积为 16.25 万公顷，占区域面积的 18.9%，这一比值，是世界平均比值的 3 倍，有关统计显示，武汉人均占有地表水量居世界大城市之首。“江、湖、山，共同构成了武汉的地理格局”。但是，保护仍然不可放松，且这种保护不只是要守住湿地面积，更要守住湿地自然生态质量。

湿地若消失，文明难再续

湿地的灵魂在于水。世界文明源于水，文明的延续载于湿地。所以保护湿地，归根到底不是在保护水禽栖息地，而是保护人类自己。水禽的到来只是湿地水质、生态链良好的表现。

塔克拉玛干沙漠在久远的时代也曾有湿地，也孕育过灿烂的文明。相传，在11世纪，黑汗王朝征服于阗王朝的最后一战，发生在新疆和田一带，而王朝争夺的核心资源，正是宜居宜业的湿地。但是，后来此地因为湿地被破坏才成了如今断壁残垣的“无人区”模样——从消失的湿地里，我们更能了解如何珍惜现有的湿地。

目前，全世界只有不到1%的水是可以饮用的淡水，很多都储存在湿地中。然而，自1700年以来，世界上90%的湿地都已经消失了，湿地消失的速度已经超过森林消失速度的3倍，全世界还有约22亿人没有安全的饮用水……因此，人们必须加强湿地保护，促进全球可持续发展。

自然通识课现场，孩子们认真记录湿地知识

武汉 2021 年开启了第二届“小湿地长”活动，提高青少年对湿地的认知和保护意识。那么我们该如何保护湿地呢？节约用水、做好垃圾分类、向周围的人传播湿地知识，都是很好的行动方式。每一个人都能做贡献，凝聚共识之后，保护政策才能行之有效。

王学雷与第二届武汉“小湿地长”一同为保护长江、保护湿地发声

第二十一课　武汉成为“百鸟乐园”背后的湿地水文秘密

科普现场：武汉解放公园桂建芳院士自然科普工作室

科普时间：2022 年 3 月 21 日

科普主讲人：陈进，水利部长江水利委员会长江科学院原副院长、中国水资源战略研究会理事、中国水利学会水资源专业委员会副主任委员。

陈进授课现场

武汉两江穿城、百湖错落，是候鸟们喜爱的停留地。在丰富的湿地生态里，藏着水鸟和谐共处、不打架的秘密，藏着洪水和枯水的两面性。

水利部长江水利委员会长江科学院原副院长、中国水资源战略研究会理事、中国水利学会水资源专业委员会副主任委员陈进带我们了解水鸟栖息地与湿地水文的知识。

沉湖湿地（高然　摄）

水鸟食物和栖息地的多样性

中国有1200多种鸟，其中394种被列入新一版《国家重点野生保护动物名录》，其中被列为国家一级野生保护动物的鸟类有92种，被列入二级的有302种。

如果按主要食物的类型进行分类，这些水鸟可以被分成不同的"集团"。食植物块茎的水鸟"集团"，包括白鹤、白枕鹤、白头鹤、小天鹅、鸿雁等；食草的水鸟"集团"，包括白额雁、小白额雁等；食鱼的水鸟"集团"包括普通鸬鹚和东方白鹳等；食种子的水鸟"集团"，包括绿翅鸭等；食无脊椎动物的水鸟"集团"，包括黑腹滨鹬、鹤鹬和白琵鹭等。

白鹭（高然　摄）

水雉（高然　摄）

灰雁（高然 摄）

不同水鸟可以到不同深度的水中取食。比如，白额雁在干燥的草地上吃草；赤颈鸭在水边的草地上吃草；绿翅鸭在很浅的水里吃种子；绿头鸭和针尾鸭以倒立的姿势，吃沉水植物和小动物；小天鹅以倒立的姿势，在更深的水里觅食；凤头潜鸭潜入水中吃甲壳类生物；琵嘴鸭用嘴从水面过滤很小的动物和植物，并以此为食。因此，即使几种水鸟生活在一起也不会因为食物而产生太多纠纷。

湿地的水文

湿地的水文是指湿地中水的时空分布、变化规律，以及各种形态、各种形式下的运动与转换。

湿地是全球三大生态系统之一，有着丰富的生物多样性，但湿地并不是一直有水的，丰水期与枯水期的水文变化，才是维持生物多样性的关键。

丰水期的水生态作用包括：①带走泥沙，保留沙砾底质，为底栖动物提供栖息地；②形成洪泛区，维系河流横向联系，将有机质和生物体运回河道；③为洄游性鱼类产卵、洄游提供生物信号；④抑制优势物种；⑤增强水体流动性，增加溶解氧，改善水质。

枯水期的水生态作用包括：①提供静谧、缓流的水域，可以在缺乏食物的季节保持鱼类及其他水生动物的体能；②暴露底质，对湿地进行曝气增氧，分解底质污染物；③为河滨植物的繁殖提供条件，有些树木可以在水中生长，但其种子需要在干燥的土壤中才能发芽；④消减水域优势物种和外来物种。

水位高时，河（湖）中的营养物质会流向岸边，洪泛区水生植物数量增多。湿地中的植物残体得以分解；鱼类产卵，幼鱼繁殖；水中的溶解氧增加。

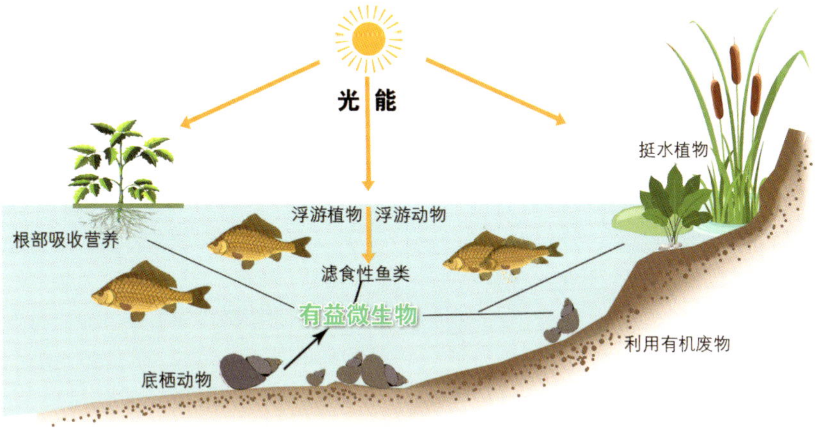

湿地生态系统

水位低时，鱼类游向深水区，滩地分解的营养物质流向河（湖）内部。水生植物开始分解，营养物质矿化。

湿地修复的基本原则

想要修复湿地，以下几点要铭记于心。①对于自然保护区或者人少的地区，应遵循自然规律，少干扰；对于人类活动密集区，要因地制宜。②对旗舰物种的保护不如对生态系统的保

沉湖湿地（贾连成　摄）

大麻鳽（高然 摄）

护重要，而对生态系统结构和完整性的保护比对物种数量或者生物总量的保护重要。③恢复生态功能比恢复景观更重要，对于城市湿地的修复工作来说，生态、景观、水文化三者结合最佳。

要保护湿地的鸟类，就一定要保护它们的栖息地。栖息地多了，它们自然也就来了。

第二十二课

“海绵”牵手湿地，武汉不再看“城市海”

科普现场：武汉解放公园桂建芳院士自然科普工作室

科普时间：2022 年 5 月 29 日

科普主讲人：徐栋，武汉市生态环境科技中心副主任、中国科学院水生生物研究所研究员、国家长江生态环境保护修复联合研究中心武汉市驻点跟踪研究办公室主任。

徐栋授课现场

让雨水与城市和解，让洪水有湖可去，让水泥变得柔软，让城市自由呼吸。

武汉市生态环境科技中心副主任、中国科学院水生生物研究所研究员、国家长江生态环境保护修复联合研究中心武汉市驻点跟踪研究办公室主任徐栋带领大家深入了解海绵城市。

认识海绵城市

海绵城市是一种城市雨洪管理概念，指城市能够像海绵一样，在适应环境变化和应对自然灾害等方面具有良好的“弹性”，下雨时吸水、蓄水、渗水、净水，必要时将蓄存的水"释放"并加以利用。

武汉曾有一遇到强降水就陷入"看海"模式的困境，但近些年，大家能明显感到城市内涝现象好转，这是因为我们改变了过去完全硬质铺装的城市建设思路，为武汉加了"海绵"。

建设海绵城市主要是考虑到近几年极端天气频发、城市内涝严重、城市雨岛效应明显、城市化进程过快这几个原因。

就海绵城市的建设来说，要因地制宜。我国北方地区降水量较少，地下水位低，地下蓄滞能力强，水资源短缺严重。因此，针对北方缺水地区，应以增加渗透面、建设蓄滞设施为主，辅以必要的排水工程。相比之下，南方地区降水量大，地下水埋深较浅，地下蓄滞能力有限，且初期雨水污染重。因此，针

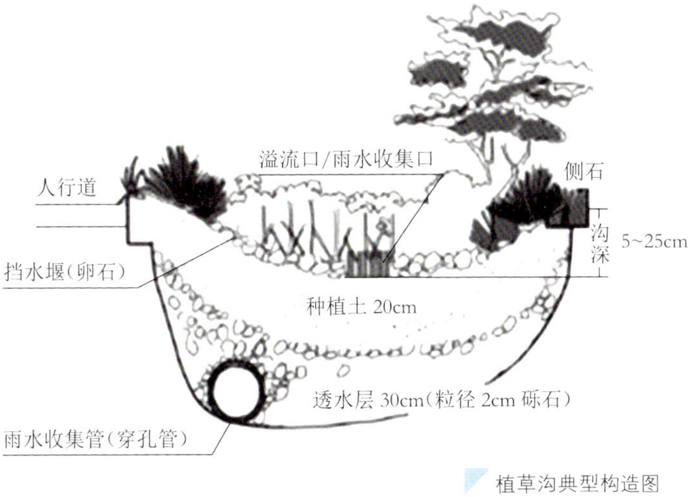

植草沟典型构造图

对南方丰水地区，应以增加蓄滞容积、提升应急排水能力为主，以建设土壤渗滤设施和雨水净化利用设施为辅。

大东湖深隧——武汉地下海绵之道

全国首条污水传输深隧——武汉大东湖核心区污水传输系统工程 PPP 项目主隧通水运行后，武汉市武珞路以北的半个武昌城区和东湖核心区周边的污水都能乘“地下专列”快速进入北湖污水处理厂，可实现 80 万 t/d 的污水处理规模，未来将达到 150 万 t/d 的规模，服务人口达 300 万人。

湿地与海绵

《湿地公约》将湿地定义为“天然或人工、长久或暂时性的沼泽地、湿原、泥炭地或水域地带，带有静止或流动，或为淡水、半咸水或咸水水体者，包括低潮时水深不超过 6m 的水域”。

武汉被誉为“百湖之市”，城市水域面积约占全市总面积的 1/4。

武汉是目前中国唯一一个拥有 6 个国家湿地公园的城市。对一个城市来说，湿地的功能包括：①调节径流、控制洪水；

涨渡湖（高然　摄）

府河湿地（高然　摄）

青山江滩——生态海绵之城的典型案例

②维护区域生态安全；③滞留与降解污染物，净化水质；④供水；⑤保护生物多样性；⑥调节气候，改善土壤质量；⑦助力生态旅游。

武汉市常见的海绵技术

武汉的街头巷尾越来越常见的屋顶花园、雨水花园、生态停车场，甚至铺在人行道、绿化道的透水砖等，都是海绵城市

花园屋顶

的组成部分。它们都在努力消除着雨水与水泥的“隔阂”，让高楼大厦与湿地之间相处更为融洽，使城市的“呼吸”与“调蓄”更加畅快。

“优于水而忧于水”，正因为武汉的水资源和湿地资源极其丰富，因此，我们更有责任和义务去保护它们，在日常生活中做到保护植被，节约每滴水。

第二十三课 动物们神奇的生存法则

科普现场：武汉解放公园桂建芳院士自然科普工作室

科普时间：2022 年 6 月 14 日

科普主讲人：姜昊，华中农业大学博物馆馆长、武汉市自然科学博物馆学会副理事长、武汉自然教育首席专家。

“吃、不被吃、繁衍，这是每一个物种的三大终极目标，而为了完成这些目标，动物进化出了高效的防卫能力。”

华中农业大学博物馆馆长、武汉市自然科学博物馆学会副理事长、武汉自然教育首席专家姜昊为大家解密神奇的动物生存自卫术。

出于本能，大多数动物对周围危险环境会保持高度警惕，能进行自我防卫、躲避危险。自卫术大体有 5 种：躲、逃、反击、防御、术。

猎豹

躲

为了提高生存能力、延续种族，动物们学会了穴居、藏匿、静止、隐蔽。

穴居：穿山甲，哺乳动物，单砖墙也能挖通，一天可挖 5m 深、10m 长的隧道。

藏匿：蛤蜊，地球五大“不死神兽”之一，藏匿于壳内可以活到 507 岁。

静止：野猪，常静止不动，不带气味，以此伪装。

隐蔽：柳雷鸟，喜用伪装色自卫。伪装色是动物们最常用的自卫手段。

穿山甲

野猪

逃

说到逃跑，我们第一时间想到的是跑、跳、游、飞，但除了用速度脱离危险，动物们还有别的办法。

虚张声势：蜜獾常用的自卫手段。

偏转展示：眼蝶常利用翅膀上的眼斑恐吓捕食者或转移攻击部位，平时会隐藏起来。

假死：负鼠的常用绝招。

再生：鹿角可以再生，也是鹿全身唯一可再生的“器官”。

鹿

蜜獾

反击

为了生存，动物们生出了尖牙利齿和蹄、爪、角、钳，对自己的“武器”无所不用其极。而群体策略，不比个体“武器”差，甚至更好。

狐獴的群体策略包括放哨、报警、躲、合作、群攻。此外，狐獴的语言也很丰富，比如，“咕咕”代表一切正常，“咯咯”代表责骂，犬声代表发起挑战，“吱吱”代表警戒，咆哮代表有危险，拖长声代表有猛禽，“哇哇”代表有哺乳动物。

蚂蚁也很重视群体合作。蚁王、蚁后是领导者，负责交配和繁殖后代。工蚁负责建造蚁巢、开掘隧道、修路、培养菌圃、采集食物、育幼等。兵蚁负责打仗，其头部长且高度骨化，拥有发达的上颚，不能自己进食。

防御

尖刺、壳、鳞甲——攻防一体，动物的可移动堡垒。

壳：蜗牛

尖刺：刺豚

壳：海龟

术

化学武器、剧毒、警戒色、拟态都是动物们的致命暗器。

蝴蝶

贝氏拟态指有些本来无毒可食的物种会通过模拟有毒不可食用的物种，将压力给到捕食者。

米勒拟态指不可食程度较弱或具有弱毒的物种在形态、色型和行为上模拟一个强烈不可食、强毒性的物种，从而共同分担捕食风险的现象。

加州地松鼠为了自卫会刻意寻找响尾蛇的蛇皮啃食后舔舐自己的皮毛，让自己身上带有响尾蛇的味道，通过气味拟态吓跑捕食者。

臭鼬

加州地松鼠

适者生存

全方位防御的典型案例——章鱼：“我会躲、拟色、变形、喷墨、断腕。”

章鱼的神经敏感，会做巢穴；拥有多变的颜色和纹理，且颜色会反映其情绪变化，如白色代表恐惧，红色代表愤怒，褐色代表放松。章鱼身体柔软，能穿梭于各种“地形”；可连续喷墨 6 次以帮助自己逃跑，半个小时后可恢复。其墨汁的化学和物理性质稳定，有麻痹作用，其中含有直径 120~180nm 的球形颗粒。

许多小动物在尖牙利爪的猎物的追捕下，物竞天择，逐渐进化出高超的逃遁技巧，这就是协同进化，可以说是生物界“军备竞赛”的衍生技能。

章鱼

猎豹奔跑速度可达 110km/h，只需 3 步就能到 65km/h。作为猎豹的主要猎物，瞪羚的奔跑速度可达 90km/h，而且能突然跳得很高，这也是在不断适应的过程中练就的。瞪羚与猎豹几乎每天都在草原上进行“竞速”和急转弯，上演着真正的生死时速。

人类的演化历史不超过800万年，人类的文明史也不过几千年，而其他很多动物，比如看上去很不起眼的蜻蜓，都已经经历了4亿多年的演化，它们高超的生存技能，都是在与自然协同进化的过程中慢慢形成的。人类在大自然面前其实只是“小学生”，因此要告诫自己，人类并不是自然的主宰，而是自然的一部分，不要走得太快，要和自然和谐相处，一起慢慢向前走。

姜昊授课现场

孩子们认真听课